“十四五”高等职业教育新形态一体化教材

江苏省高等学校重点教材
江苏省“十四五”首批职业教育规划教材

电子信息大类专业群课程系列

数据库设计与应用（MySQL）（第2版）

主　编◎陈晓男
副主编◎张海越　俞　辉　陈　忱

中国铁道出版社有限公司
CHINA RAILWAY PUBLISHING HOUSE CO., LTD.

内容简介

本书以项目为载体，采用任务驱动方式，按照学生的学习规律和数据库实际操作顺序由易到难组织教学内容。本书共有两个项目，即项目一超市管理系统和项目二培训班管理系统。其中项目一是组织教学内容的项目载体，项目二作为实践训练项目载体。所有项目和任务都以 MySQL 作为软件基础，通过任务让读者学会在 CentOS 7 系统以及 Windows 系统下搭建数据库环境、数据库的基本操作以及数据库编程等高级操作。读者可根据需要自行选取项目中的不同任务组合学习，对于每个任务中的多个子任务也可以自行选取适合自身的内容组合学习。

本书着重在项目一中配备了微课（具体可见中国大学慕课网上的同名课程，网址为：https://www.icourse163.org/course/WXSTC-1449947178），可使读者快速掌握数据库的基本操作和应用，并全面了解 MySQL 的管理和使用方法，整体上突出职业教育的技能训练、理实一体的特色。

本书适合作为高等职业院校软件技术及相关专业的数据库课程教材，也可作为初学者学习数据库的教材。

图书在版编目（CIP）数据

数据库设计与应用：MySQL/ 陈晓男主编 .—2 版 .—北京：中国铁道出版社有限公司，2024.8（2025.7 重印）
"十四五"高等职业教育新形态一体化教材
ISBN 978-7-113-31242-8

Ⅰ. ①数… Ⅱ. ①陈… Ⅲ. ① SQL 语言 - 程序设计 - 高等职业教育 - 教材 Ⅳ. ① TP311.132.3

中国国家版本馆 CIP 数据核字（2024）第 097802 号

书　　名：数据库设计与应用（MySQL）
作　　者：陈晓男

策　　划：翟玉峰　　　　编辑部电话：（010）51873135
责任编辑：翟玉峰　包　宁
封面设计：尚明龙
责任校对：苗　丹
责任印制：赵星辰

出版发行：中国铁道出版社有限公司（100054，北京市西城区右安门西街 8 号）
网　　址：https://www.tdpress.com/51eds
印　　刷：河北宝昌佳彩印刷有限公司
版　　次：2021 年 8 月第 1 版　2024 年 8 月第 2 版　2025 年 7 月第 2 次印刷
开　　本：787 mm×1 092 mm　1/16　印张：14.5　字数：330 千
书　　号：ISBN 978-7-113-31242-8
定　　价：45.00 元

“十四五”高等职业教育新形态一体化教材

编审委员会

序

2021年十三届全国人大四次会议表决通过的《中华人民共和国国民经济和社会发展第十四个五年规划和2035年远景目标纲要》，对我国社会主义现代化建设进行了全面部署。“十四五”时期对教育的定位是建立高质量的教育体系，对职业教育的定位是增强职业教育的适应性。当前，在百年未有之大变局下，在“十四五”开局之年，如何切实推动落实《国家职业教育改革实施方案》《职业教育提质培优行动计划（2020—2023年）》等文件要求，是新时代职业教育适应国家高质量发展的核心任务。随着新科技和新工业化发展阶段的到来和我国产业高端化转型，必然引发企业用人需求和聘用标准发生新的变化，以人才需求为起点的高职人才培养理念使创新中国特色人才培养模式成为高职战线的核心任务，为此国务院和教育部制定和发布了包括“1+X”职业技能等级证书制度、专业群建设、“双高计划”、专业教学标准、信息技术课程标准、实训基地建设标准等一系列的文件，为探索新时代中国特色高职人才培养指明了方向。

要落实国家职业教育改革一系列文件精神，培养高质量人才，就必须解决“教什么”的问题，必须解决课程教学内容适应产业新业态、行业新工艺、新标准要求等难题，教材建设改革创新就显得尤为重要。国家这几年对于职业教育教材建设加大了力度，2019年，教育部发布了《职业院校教材管理办法》（教材〔2019〕3号）、《关于组织开展“十三五”职业教育国家规划教材建设工作的通知》（教职成司函〔2019〕94号），在2020年又启动了《首届全国教材建设奖全国优秀教材（职业教育与继续教育类）》评选活动，这些都旨在选出具有职业教育特色的优秀教材，并对下一步如何建设好教材进一步明确了方向。在这种背景下，坚持以习近平新时代中国特色社会主义思想为指导，落实立德树人根本任务，适应新技术、新产业、新业态、新模式对人才培养的新要求，中国铁道出版社有限公司邀请我与鲍洁教授共同策划组织了"'十四五'高等职业教育新形态一体化教材"，尤其是我国知名计算机教育专家谭浩强教授、全国高等院校计算机基础教育研究会会长黄心渊教授对课程建设和教材编写都提出了重要的指导意见。这套教材在设计上把握了如下几个原则：

1. 价值引领、育人为本。牢牢把握教材建设的政治方向和价值导向，充分体现党和国家的意志，体现鲜明的专业领域指向性，发挥教材的铸魂育人、关键支撑、固本培元、文化交流等功能和作用，培养适应创新型国家、制造强国、网络强国、数字中国、智慧社会需要的不可或缺的高层次、高素质技术技能型人才。

2. 内容先进、突出特性。充分发挥高等职业教育服务行业产业优势，及时将行业、产业的新技术、新工艺、新规范作为内容模块，融入教材中去。并且为强化学生职业素养养成和专业技术积累，将专业精神、职业精神和工匠精神融入教材内容，满足职业教育的需求。此外，为适应项目学习、案例学习、模块化学习等不同学习方式要求，注重以真实生产项目、典型工作任务、案例等为载体组织教学单元的教材、新型活页式、工作手册式等教材，力求教材反映人才培养模式和教学改革方向，有效激发学生学习兴趣和创新潜能。

3. 改革创新、融合发展。遵循教育规律和人才成长规律，结合新一代信息技术发展和产业变革对人才的需求，加强校企合作、深化产教融合，深入推进教材建设改革。加强教材与教学、教材与课程、教材与教法、线上与线下的紧密结合，信息技术与教育教学的深度融合，通过配套数字化教学资源，满足教学需求和符合学生特点的新形态一体化教材。

4. 加强协同、锤炼精品。准确把握新时代方位，深刻认识新形势新任务，激发教师、企业人员内在动力。组建学术造诣高、教学经验丰富、熟悉教材工作的专家队伍，支持科教协同、校企协同、校际协同开展教材编写，全面提升教材建设的科学化水平，打造一批满足学科专业建设要求，能支撑人才成长需要、经得起实践检验的精品教材。

按照教育部关于职业院校教材的相关要求，充分体现工业和信息化领域相关行业特色，以高职专业和课程改革为基础，编写信息技术课程、专业群平台课程、专业核心课程等所需教材。本套教材计划出版 4 个系列，具体为：

1. 信息技术课程系列。教育部发布的《高等职业教育专科信息技术课程标准（2021 年版）》给出了高职计算机公共课程新标准，新标准由必修的基础模块和由 12 项内容组成的拓展模块两部分构成。拓展模块反映了新一代信息技术对高职学生的新要求，各地区、各学校可根据国家有关规定，结合地方资源、学校特色、专业需要和学生实际情况，自主确定拓展模块教学内容。在这种新标准、新模式、新要求下构建了该系列教材。

2. 电子信息大类专业群平台课程系列。高等职业教育大力推进专业群建设，基于产业需求的专业结构，使人才培养更适应现代产业的发展和职业岗位的变化。构建具有引领作用的专业群平台课程和开发相关教材，彰显专业群的特色优势地位，提升电子信息大类专业群平台课程在高职教育中的影响力。

3. 新一代信息技术类典型专业课程系列。以人工智能、大数据、云计算、移动通信、物联网、区块链等为代表的新一代信息技术，是信息技术的纵向升级，也是信息技术之间及其与相关产业的横向融合。在此技术背景下，围绕新一代信息技术专业群（专业）建设需要，重点聚焦这些专业群（专业）缺乏教材或者没有高水平教材的专业核心课程，完善专业教材体系，支撑新专业加快发展建设。

4. 本科专业课程系列。在厘清应用型本科、高职本科、高职专科关系，明确高职本科服务目标，准确定位高职本科基础上，研究高职本科电子信息类典型专业人才培养方案和课程体系，在培养高层次技术技能型人才方面，组织编写该系列教材。

新时代，职业教育正在步入创新发展的关键期，与之配合的教育模式以及相关的诸多建设都在深入探索，本套教材建设按照“选优、选精、选特、选新”的原则，发挥高等职业教育领域的院校、企业的特色和优势，调动高水平教师、企业专家参与，整合学校、行业、产业、教育教学资源，充分认识到教材建设在提高人才培养质量中的基础性作用，集中力量打造与我国高等职业教育高质量发展需求相匹配、内容和形式创新、教学效果好的课程教材体系，努力培养德智体美劳全面发展的高层次、高素质技术技能人才。

本套教材内容前瞻、体系灵活、资源丰富，是值得关注的一套好教材。

国家职业教育指导咨询委员会委员
北京高等学校高等教育学会计算机分会理事长
全国高等院校计算机基础教育研究会荣誉副会长

2021年8月

前言

为贯彻党的二十大报告中关于加强教材建设和管理的要求，本书是第一版基础上的改版，不论在题材的选取上还是在内容的组织上都有新意。本书第一版于2021年立项“江苏省高等学校重点教材”（修订教材）建设，于2022年获评“江苏省‘十四五’首批职业教育规划教材”。

本书充分体现项目课程设计思想，经过企业专家、职业教育专家以及具有多年教学经验的专业教师多次研讨，按照“市场调研→确定工作任务和职业能力→课程设置→在本课程中应该掌握的技能→课程项目设计→教材内容”一步步进行分析，经过多届学生试用及反馈，结合数据库软件的发展情况，最终确定内容和组织形式，即本书用两个实用性的项目（即项目一超市管理系统和项目二培训班管理系统）贯穿始终，其中项目一是以教为主的载体，项目二是以学为主的载体，两个项目相辅相成。较第一版在内容的顺序和组织上有了较好的修正，进一步理顺了数据库知识体系，并在第一版的基础上增加实践训练。

本书主要有以下特点：

（1）与教材同名的在线开放课程中具有丰富的教学资源，让教材更加立体化。（课程网址：https://www.icourse163.org/course/WXSTC-1449947178）

（2）实施代码为主的讲授方法。书中以SQL代码为主，结合实际应用以及目前软件开发和大数据技术发展的编程需求，可自行选取任务组织教学，灵活方便。

（3）遵循循序渐进的学习规律。书中充分考虑了学生的认知规律，并结合编者多年的教学和实践经验，精心设计项目与任务。项目一主要是在教师的带领下熟悉数据库的设计与应用；项目二作为每个工作任务的实训子任务的载体，可以在教师的指导下让学生熟悉数据库的设计与应用，加强学生的数据库应用能力。

（4）采用项目载体，任务驱动，理实一体的教学方法。本书没有按常规教材划分章节，而是以项目为载体划分为若干个工作任务，每个工作任务划分为若干子任务，学习目标明确，任务贯穿知识点，理实一体化。

（5）设置素质目标，融入任务学习要求。本书每个任务都结合课程思政要求设置素质目标，积极贯彻党的二十大精神，将教材建设作为一线教师深化教育领域综合改革的阵地。

本书由陈晓男任主编，张海越、俞辉、陈忱任副主编，其中工作任务1和工作任务12由陈忱编写，工作任务2至工作任务8由陈晓男编写，工作任务9由俞辉编写，工作任务10和工作任务11由张海越编写，每个工作任务最后的实践训练由陈晓男编写，书中的微课视频由课程组教师录制，全书由陈晓男统稿、订正。在本书编写过程中得到了高振栋、樊光辉、周之昊、孙靓等多位同行的支持和帮助，在此深表谢意。

在本书编写过程中，尽管编者尽了最大的努力，但由于时间仓促、水平有限，书中可能还存在不足和疏漏之处，欢迎广大读者批评指正。

编　者

2024年3月

目录

网络出版资源明细表

微课

序号	链接内容	页码	序号	链接内容	页码
1	建库及查看	21	24	存在性测试子查询	97
2	建表及查看	23	25	认识子查询	100
3	删除库和表	24	26	多值比较测试子查询	101
4	培训班管理系统数据库	27	27	创建表同时创建索引	109
5	修改数据表的定义	34	28	create index创建索引	110
6	向表中添加数据	37	29	alter table创建索引	111
7	修改表中数据	41	30	删除索引	113
8	删除表中数据	44	31	创建视图	119
9	基本查询	51	32	查看、修改、删除视图	122
10	关系和逻辑查询	56	33	基础知识之视图与基本表	125
11	范围查询	59	34	通过视图添加数据	125
12	列表查询	59	35	通过视图修改数据	126
13	模糊查询	60	36	通过视图删除数据	127
14	空值查询	61	37	主键约束、唯一约束、自动增值约束	134
15	查询结果排序	63	38	非空约束和默认值约束	138
16	聚合函数的使用	65	39	外键约束	141
17	having子句的使用	67	40	基础知识之游标	164
18	交叉连接与表别名	74	41	创建自定义函数实现功能	165
19	内连接查询	78	42	使用游标创建自定义函数	167
20	内连接与外连接查询对照	82	43	创建存储过程	180
21	外连接查询	83	44	创建带参存储过程	182
22	单值比较子查询	91	45	创建插入后触发器	195
23	成员测试子查询	92	46	创建删除后触发器	197

工作任务 1 认识数据库

学习目标

（1）能理解关系数据库管理系统的用途。

（2）能正确解读数据库需求分析。

（3）能正确理解概念模型、结构模型的概念及表现形式。

（4）能根据常用的概念模型（比如实体 - 联系模型）转换成结构模型（关系模型）。

（5）能正确理解关系模型规范化的概念及第一、第二和第三范式的含义。

（6）能使用绘图工具准确绘制实体 - 联系图。

（7）能搭建数据库应用环境。

素质目标

（1）通过线上同名课程的预习，培养借助网络平台学习新知识的能力。

（2）通过课上预习成果分组讨论，培养团队协作精神。

最终目标

能将概念模型准确地转换成数据表，并建立数据库。

任务 1-1 掌握数据库基础知识

任务描述

本书中所有工作任务均使用超市管理系统数据库。超市里最直接面对客户的就是商品，因为超市中的商品非常多，常常要将这些商品的信息通过表格来存放，见表 1-1-1。

表 1-1-1　商品信息表

商品编号	商品名称	价格 / 元	库存数量	促销价格 / 元	单　位	规格型号
Sp001	瓜子	3.5	2 000	2.5	包	200 克 / 包
Sp002	夹心饼干	6.8	500	5.9	包	300 克 / 包
Sc001	纯棉 T 恤	59.9	300	39.9	件	短袖
Sc002	新疆棉上衣	79.9	400	59.9	件	长袖
⋮	⋮	⋮	⋮	⋮	⋮	⋮

可以把表 1-1-1 看成是一个存放商品信息的数据库，可以根据需要随时随地了解超市中的商品情况或是添加商品等。但是超市管理系统所涉及的不仅仅是商品，还要面对购买商品的客户、超市中的工作人员、供货商等。这样，超市管理系统数据库就是包含商品、工作人员、供货商等相关信息的数据集合。

任务 1-1 要求能根据所学内容按照规则将 E-R 模型转换为关系模型。

基础知识

1. 数据库（database，DB）

数据库是按照数据结构组织、存储和管理数据的仓库。是一个长期存储在计算机内的、有组织的、可共享的、统一管理的大量数据的集合。

2. 数据库管理系统（database management system，DBMS）

数据库管理系统是操作和管理数据库的计算机软件系统，用于建立、使用和维护数据库，对数据库进行统一管理和控制，以保证数据库的安全性和完整性。目前较为流行和常用的数据库管理系统有 MySQL、SQL Server、Oracle、DB2 等。

3. 关系数据库管理系统（relational database management system，RDBMS）

MySQL 是最流行的关系数据库管理系统，在 Web 应用方面，MySQL 是最好的关系数据库管理系统应用软件之一。关系数据库管理系统是管理关系型数据库的计算机软件系统，常用术语如下：

（1）数据表：关系型数据库是指采用关系模型组织数据的数据库，以行和列的形式存储数据，即为数据表。一个关系对应一张二维表，每个关系都具有一个关系名，即表名。一个关系型数据库就是由若干个二维数据表及其之间的联系组成的数据组织。图 1-1-1 所示为数据表结构图。

（2）列：又称属性，或字段，是一组相同类型的数据。

（3）行：又称元组，或记录，是一组相关的数据。

（4）域：属性的取值范围，即数据表中某一列的取值限制。

（5）关键字：一组可以唯一标识元组的属性，又称主键，由一个或多个列组成。

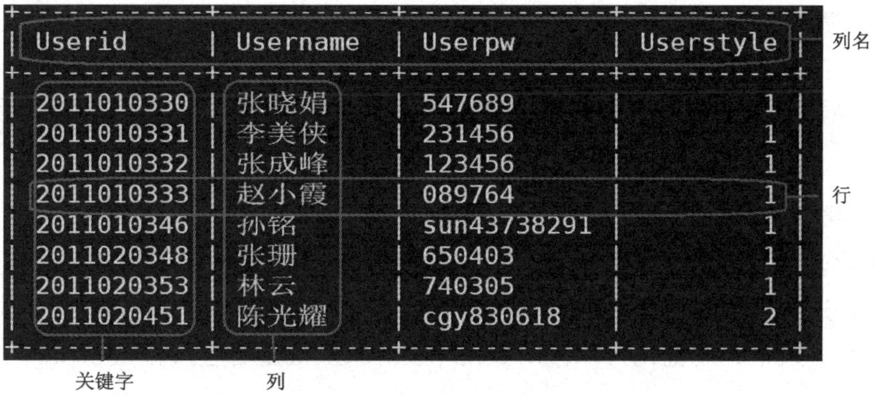

Userid	Username	Userpw	Userstyle
2011010330	张晓娟	547689	1
2011010331	李美侠	231456	1
2011010332	张成峰	123456	1
2011010333	赵小霞	089764	1
2011010346	孙铭	sun43738291	1
2011020348	张珊	650403	1
2011020353	林云	740305	1
2011020451	陈光耀	cgy830618	2

图 1-1-1　数据表结构图

（6）关系数据库：即关系模型数据库，是很多关系二维表的集合。关系二维表是关系的表现形式，表中每一列不可再分解，并且必须具有相同的数据类型，列名唯一；表中每一行内容都不相同，顺序不影响表中信息的意义。

4. **实体-联系模型**（entity relationship model，E-R 模型）

实体-联系模型可以很好地反映现实世界，用信息结构的形式将现实世界的状态表示出来，常用实体-联系图（E-R 图）来表示。实体（entity）是客观存在并可相互区分的事物，联系（relationship）是现实世界中事物之间的相互联系。每个实体具有的特性称为属性，一个实体可以有多个属性，其中能够唯一标识实体的属性或属性组称为实体的码，该属性或属性组中的成员称为主属性（即关键字，或主键），主属性之外的属性称为非主属性。

5. **E-R 模型向关系模型的转换规则**

将 E-R 模型向关系模型转换就是要将实体、实体的属性和实体间的联系转换为关系模式。常用的转换规则有以下几点：

（1）每一个实体转换为一个关系模式（即一个二维表）。实体的属性就是关系的属性，实体的码就是关系的码。

（2）一个 m:n 的联系（见图 1-1-2 中销售、交易和进货三个联系）转换为一个关系模式（即一个二维表），与该联系相关的两个实体的码以及联系本身的属性都转换成联系的属性，两个实体码的组合构成关系的码。

（3）一个 1:n 和 1:1 的联系不需要转换为一个关系模式。其中 1:1 的联系可以与任意一端对应的关系模式合并；1:n 的联系与 n 端对应的关系模式合并。

6. **E-R 图**

E-R 图中有四个基本组成图素：

（1）矩形框，用来表示实体，在矩形框内写明实体名称。

（2）菱形框，用来表示联系，在菱形框内写明联系名称。

（3）椭圆形框（或者圆角矩形框，本书使用的是圆角矩形框），用来表示实体和联系的属性，在框内写明属性名称。

（4）直线，实体与联系之间，实体与属性之间，联系与属性之间都要使用无向直线连接，其中，连接联系的两个实体的直线端部需要标注联系的种类（一对一 1:1，一对多 1:*N*，多对多 *N*:*M*）。

7. 关系模型的规范化

（1）规范化。关系模型设计得不好，可能会存在同一个数据在系统中多次重复出现的情况，又称数据冗余，这种现象有可能造成操作异常。数据库的规范化就是减少或控制数据冗余、避免数据操作异常。通常，规范化可以帮助数据库设计人员确定哪些属性或字段属于哪个实体或关系。

（2）函数依赖。当一个或一组属性（主属性）的取值可以决定其他属性（非主属性）的取值时，就称非主属性函数依赖于主属性。函数依赖的程度可以决定关系规范化的级别，规范化后的关系称为范式（NF）。实际工作中的关系一般只规范化到第三范式（3NF）。

（3）范式。

① 第一范式（1NF）。组成关系的所有属性都是不可分的原子属性。这样可以保证第一范式中没有重复的行，即在第一范式中，每个属性的域只包含单一的值。

② 第二范式（2NF）。在满足第一范式的前提下，关系的所有非主属性都完全函数依赖于主属性，即不包含部分依赖于主属性的属性。

③ 第三范式（3NF）。在满足第二范式的前提下，关系的所有非主属性都直接依赖于主属性，即不包含传递依赖于主属性的属性。

（4）规范化步骤。

① 删除表中所有重复的数据行，确定一个主键或复合主键。

② 确定表处于 1NF 状态，消除任何部分依赖性。

③ 确定表处于 2NF 状态，消除任何可传递依赖性。

任务实现

（一）操作条件

（1）提供超市管理系统整体 E-R 图，如图 1-1-2 所示。

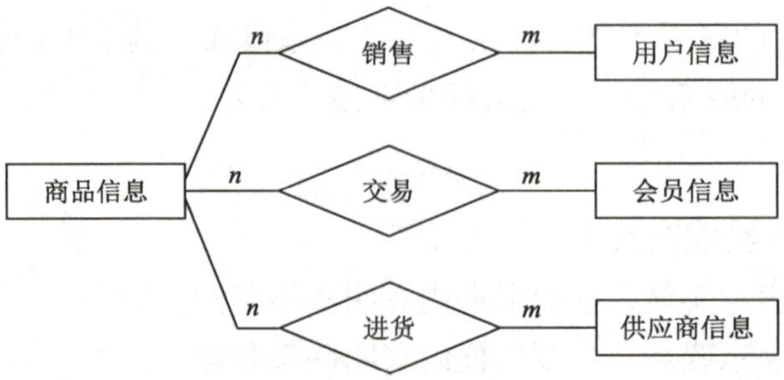

图 1-1-2　超市管理系统整体 E-R 图

（2）提供超市管理系统实体 E-R 图，如图 1-1-3 所示。

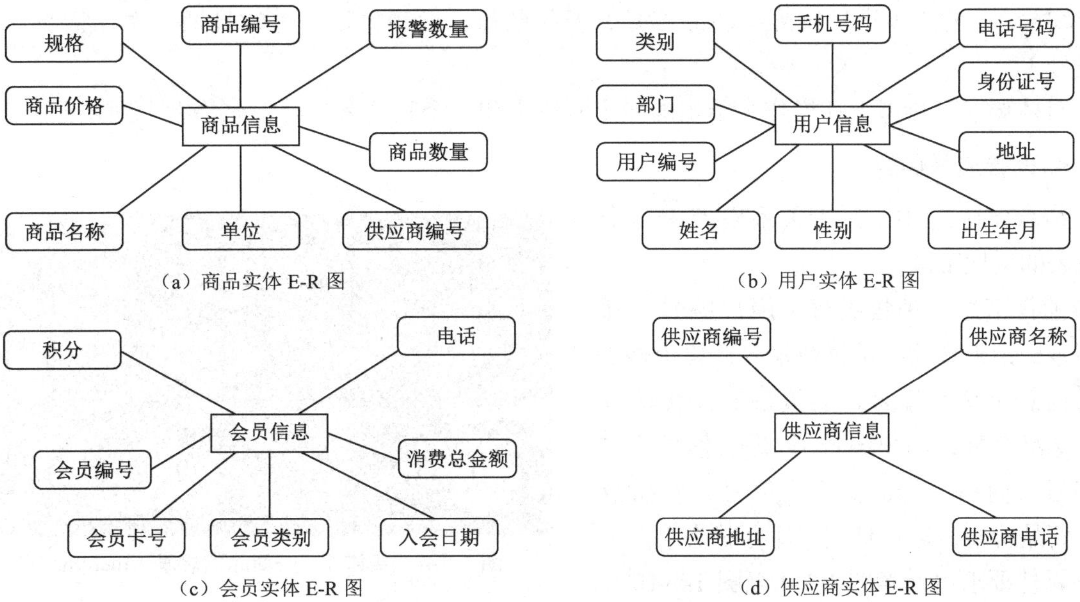

图 1-1-3　超市管理系统实体 E-R 图

（二）安全及注意事项

（1）初次将 E-R 模型转换为关系模型，注意仔细阅读、学习转换规则。

（2）注意转换时，E-R 模型中的属性与关系模型中的字段的对应。

（三）操作步骤

1. 分析超市管理系统的功能

结合实际生活中的中小型超市分析超市管理系统的功能：采购商品（进货）、销售商品、管理商品。要求能够用语言清楚地描述超市管理系统的各项功能。

2. 绘制自己的实体-联系图

明确超市管理系统的四个基本实体，即商品、超市工作人员（用户）、顾客（超市会员）、供应商，参见图 1-1-2 和图 1-1-3。

3. 参照转换规则，将实体－联系模型转换为关系模型

（1）每一个实体转换为一个关系模式：四个实体对应四个二维表：商品信息（商品编号，商品名称，商品价格，规格，商品数量，报警数量，计划进货数量，供应商编号）；用户信息（用户编号，用户姓名，用户密码，用户类别）；供应商信息（供应商编号，供应商名称，供应商地址，供应商电话）；会员信息（会员编号，会员卡号，消费总金额，注册日期）。

（2）一个多对多联系转换为一个关系模式，与该联系相关的两个实体的码以及联系本身的属性都转换成联系的属性，两个实体码的组合构成关系的码：实体 - 联系模型中有三个多对多联系，分别转换为三个关系模式，对应三个二维表：销售（销售编号，商品编号，销售日

期，销售数量，销售价格，用户编号）；交易（交易编号，交易价格，交易日期，会员编号，用户编号）；进货（进货编号，商品编号，商品数量，商品价格，进货日期，库存状态，供应商编号）。

具体要求可参考上述操作中给出的四个实体表和三个联系表，属性允许有个别差异。

4. 完善关系模型

结合实际应用，完善关系模型中三个联系表的属性字段：

销售信息（销售编号，用户编号，商品编号，销售日期，销售数量，销售价格）；交易信息（交易编号，会员编号，交易日期，交易金额，用户编号）；进货信息（进货编号，商品编号，供应商编号，商品数量，商品价格，进货日期，库存状态）。

具体要求可参考图 1-1-4 至图 1-1-10。

	Field	Type	Null
商品编号	merchid	char(10)	NO
商品名称	merchname	varchar(50)	NO
商品价格	merchprice	float	NO
规格	spec	varchar(10)	NO
商品数量	merchnum	int(11)	NO
报警数量	cautionnum	int(11)	NO
计划进货数量	plannum	int(11)	NO
供应商编号	provideid	varchar(10)	NO

图 1-1-4　实体 1——商品信息表（merchinfo）

	Field	Type	Null
用户编号	Userid	varchar(10)	NO
用户姓名	Username	varchar(25)	NO
用户密码	Userpw	varchar(50)	NO
用户类别	Userstyle	int(11)	NO

图 1-1-5　实体 2——用户信息表（users）

	Field	Type	Null
供应商编号	provideid	varchar(10)	NO
供应商名称	providename	varchar(100)	NO
供应商地址	provideaddress	varchar(250)	YES
供应商电话	providephone	varchar(12)	NO

图 1-1-6　实体 3——供应商信息表（provide）

	Field	Type	Null
会员编号	memberid	varchar(10)	NO
会员卡号	membercard	varchar(20)	NO
消费总金额	totalcost	float	NO
注册日期	regdate	datetime	NO

图 1-1-7　实体 4——会员信息表（member）

	Field	Type	Null
销售编号	saleid	int(11)	NO
商品编号	Merchid	varchar(10)	NO
销售日期	Saledate	datetime	NO
销售数量	Salenum	int(11)	NO
销售价格	Saleprice	float	NO
用户编号	userid	varchar(10)	NO

图 1-1-8　联系 1——销售信息表（sale）

	Field	Type	Null
交易编号	dealingid	int(11)	NO
交易价格	Dealingprice	float	NO
交易日期	Dealingdate	datetime	NO
会员编号	Memberid	varchar(10)	NO
用户编号	userid	varchar(10)	NO

图 1-1-9　联系 2——交易信息表（dealing）

	Field	Type	Null
进货编号	stockid	int(11)	NO
商品编号	Merchid	varchar(10)	NO
商品数量	Merchnum	int(11)	NO
商品价格	Merchprice	float	NO
进货日期	Stockdate	datetime	NO
库存状态	Stockstate	int(11)	NO
供应商编号	provideid	varchar(10)	NO

图 1-1-10　联系 3——进货信息表（stock）

问题思考：实体-联系模型转换成关系模型时，实体间的联系转换出错。

解决方法： 首先要判断出实体间的联系是一对一、一对多还是多对多，如果是一对一或一对多，不需要单独转换，如果是多对多，先将联系的两个实体的关键字转换成联系表中的属性，然后再根据联系的实际情况添加属性。

学习结果评价

序号	评价内容	评价标准	评价结果（是/否）
1	知识与技能	能表述超市管理系统的功能	□是　□否
		能根据所表述的功能用实体-联系模型表达出来（E-R 图）	□是　□否
		能根据转换规则将实体-联系模型转换成关系模型	□是　□否
		能根据实际情况完善关系模型	□是　□否
2	职业规范	E-R 图格式正确	□是　□否
		转换文档格式整洁、规范	□是　□否
3	总　评	“是”与“否”在本次评价中所占百分比	“是”占________% “否”占________%

任务 1-2 搭建 MySQL 数据库环境

任务描述

能按步骤在 Linux 操作系统（CentOS）中安装并启动 MySQL 5.7，在安装过程中正确配置 MySQL 5.7。

基础知识

（1）MySQL 是一个跨平台的、轻量级的、安全的、高效的，并与 PHP、Java 等主流编程语言紧密结合的关系型数据库管理系统，其跨平台的支持可以在 Windows、Linux、Mac 等不同操作系统中使用同一套 MySQL 配置。

（2）本任务以 CentOS 为操作系统平台，CentOS（community enterprise operating system，社区企业操作系统）是 Linux 发行版之一，它是来自于 Red Hat Enterprise Linux 依照开放源代码规定释出的源代码所编译而成。由于出自同样的源代码，因此有些要求高度稳定性的服务器以 CentOS 替代商业版的 Red Hat Enterprise Linux 使用。两者的不同在于 CentOS 完全开源。

（3）本任务在命令行状态下进行，CentOS 系统中切换到命令行的快捷键是【Ctrl+Alt+ F2（或 F3、F4、F5 和 F6 等）】。

（4）本任务中使用 MySQL 安装包的版本为 5.7.31。

任务实现

（一）操作条件

（1）计算机配置建议：CPU为Intel i5及以上，内存8 GB及以上。并保证有一定的硬盘空间。

（2）已安装CentOS 7操作系统或Windows 10操作系统下的虚拟机环境。

（3）已下载MySQL安装包，可采用国内开源软件镜像源（open source software mirror）下载，常用的有：

中国科技大学 https://mirrors.ustc.edu.cn/

清华大学 https://mirrors.tuna.tsinghua.edu.cn/

腾讯 https://mirrors.cloud.tencent.com/

网易 http://mirrors.163.com/

此外，还有阿里云、华为和搜狐等。

（二）安全及注意事项

（1）安装过程以超级用户root进行，命令行状态下普通用户切换到root用户的命令为su root，按【Enter】键后需输入root用户的密码。但是在Linux系统下，通常不建议直接切换到root用户，而是使用在操作命令前加sudo命令，把本来只能由超级用户执行的命令赋予普通用户。

例如：

```
chmod -R 777 mysql 修改为 sudo chmod -R 777 mysql
```

（2）安装过程以普通用户进行，命令行中关键命令需在命令前加sudo，第一次需输入普通用户的密码（可以在系统中设置为免密）。

（3）以前的Linux系统中多数预装了MySQL数据库，后来因为MySQL部分功能开始收费，因此就没有集成在CentOS这些开源的Linux系统中了，如果想用的话需要自己安装。CentOS 7默认安装也不包含MySQL，而是在内部集成了mariadb作为替代。直接安装MySQL的话会和mariadb的文件冲突，所以需要先卸载mariadb，卸载mariadb的步骤如下：

查看mariadb进程状态：

```
rpm -qa|grep mariadb
```

卸载mariadb：

```
rpm -e --nodeps mariadb-libs-5.5.60-1.el7_5.x86_64
```

（4）注意上述操作过程中的命令均为连续输入，输入操作时不要换行。

（三）操作过程

1. 安装前解压缩MySQL安装压缩文件包

使用命令：

```
tar -xvf mysql-5.7.31-1.el6.x86_64.rpm-bundle.tar
```

会显示解压缩的文件，共有 9 个，如图 1-2-1 所示。

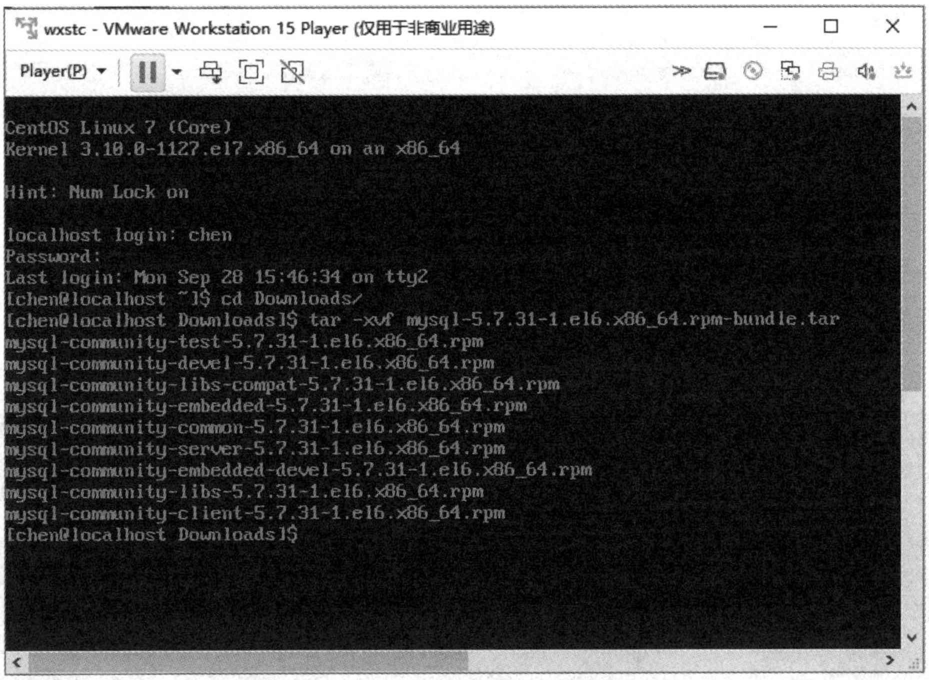

图 1-2-1　解压 MySQL 安装压缩文件包

2. 为避免出现权限问题，给 MySQL 解压文件所在目录赋予最大权限

使用命令：

```
chmod -R 777 mysql
```

赋予 MySQL 所在目录最大权限，如果无报错，返回到命令行等待输入状态就表示权限赋予成功。

3. 进入到解压后的文件夹内部

使用命令：

```
cd mysql-5.7.31-1.el6.x86_64.rpm-bundle
```

命令行提示符前路径已经改变。

4. 使用 rpm 命令安装 MySQL

（1）安装 common。

使用命令：

```
rpm -ivh mysql-community-common-5.7.31-1.el6.x86_64.rpm
```

（2）安装 libs。

使用命令：

```
rpm -ivh mysql-community-libs-5.7.31-1.el6.x86_64.rpm
```

（3）安装 client。

使用命令：

```
rpm -ivh mysql-community-client-5.7.31-1.el6.x86_64.rpm
```

（4）安装 server。

使用命令：

```
rpm -ivh mysql-community-server-5.7.31-1.el6.x86_64.rpm --force --nodeps
```

使用 rpm 命令安装 MySQL 过程中，只要输入无错误，系统就会显示 # 字符的安装进度条，并在完成后返回到命令行等待输入状态。效果如图 1-2-2 所示。

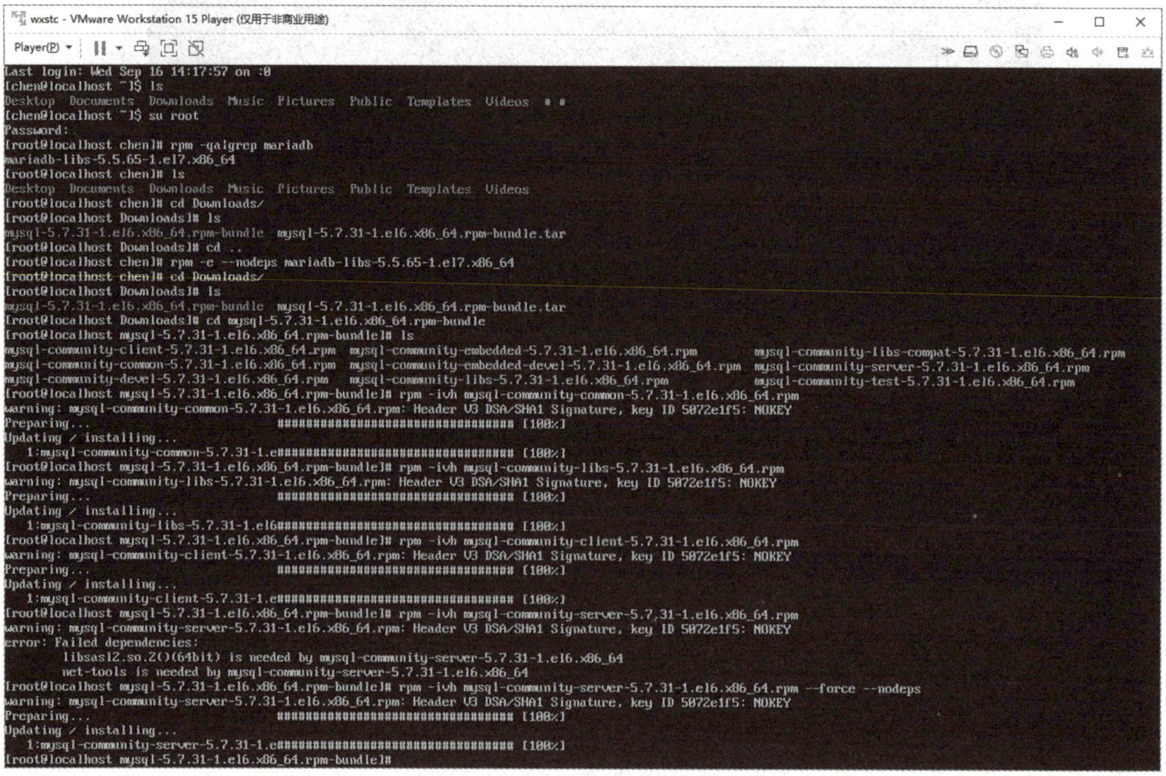

图 1-2-2　安装 MySQL 全过程

问题思考一：安装 mysql-community-server-5.7.31-1.el6.x86_64.rpm 时报错。

解决方法：安装过程中，前几个包在安装时不需要输入参数“--force --nodeps”，因此在安装 server 包时容易忽视添加的参数，于是会报错。--force 命令参数是强制安装，--nodeps 命令参数是安装时不检查依赖关系。

问题思考二：MySQL 的运行状态查看。

具体内容：查看 MySQL 的进程可以使用 ps aux|grep mysql 或 ps -elf|grep mysql 命令，两种

命令的输出大同小异，具体区别见Linux手册。

查看MySQL的运行状态可以使用systemctl status mysqld.service命令，当MySQL为启动状态时，输出为绿色圆点开始，如果为停止状态，则为白色圆点。效果如图1-2-3所示。

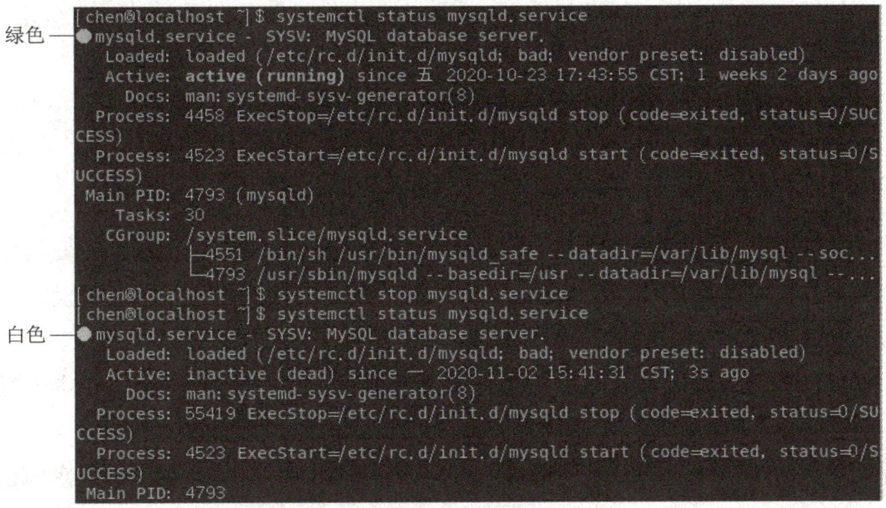

图1-2-3 查看MySQL运行状态

问题思考三：MySQL服务的启动和停止相关命令有哪些。

启动命令：

```
systemctl start mysqld.service
```

停止命令：

```
systemctl stop mysqld.service
```

重启动命令：

```
systemctl restart mysqld.service
```

与前述相同，均需在root用户或sudo权限下使用。

学习结果评价

序号	评价内容	评价标准	评价结果（是/否）
1	知识与技能	安装前解压缩安装包，解压生成文件夹，内含安装文件	□是 □否
		按顺序执行安装，成功安装	□是 □否
2	职业规范	使用ps命令查看系统进程中是否存在MySQL进程	□是 □否
		使用systemctl命令输入正确执行启动与停止MySQL服务操作	□是 □否
3	总　评	“是”与“否”在本次评价中所占百分比	“是”占______% “否”占______%

任务1-3 设置MySQL密码与配置MySQL字符编码

任务描述

能掌握MySQL的密码设置方法和MySQL配置文件的编辑。

基础知识

（1）从MySQL 5.7版本开始会默认安装validate_password插件，此插件是为了防止设置的密码过于简单而降低数据库的安全性。在学习实验中，往往会考虑把密码设置得简单些，因此需要对validate_password插件进行设置。

（2）MySQL的配置文件在CentOS 7操作系统中的路径为/etc/my.cnf，在本安装实验中对该文件的操作主要用于设置字符串编码。

（3）密码约束条件。MySQL的validate_password插件中的参数负责约束密码的强度和安全性，共有以下六个：

① validate_password_policy用于控制validate_password的验证策略0-->low、1-->MEDIUM、2-->strong。

② validate_password_length密码长度的最小值（这个值最小是4）。

③ validate_password_number_count密码中数字的最小个数。

④ validate_password_mixed_case_count大小写的最小个数。

⑤ validate_password_special_char_count特殊字符的最小个数。

⑥ validate_password_dictionary_file字典文件。

在MySQL命令行输入：

```
show variables like 'validate_password%';
```

可以查看所有validate_password相关的参数，如图1-3-1所示。

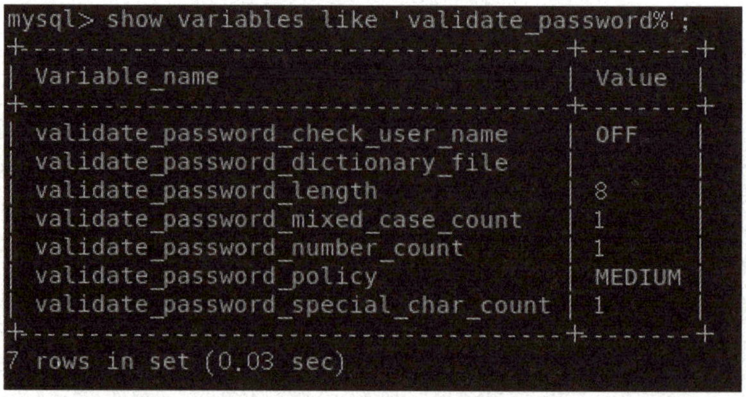

```
mysql> show variables like 'validate_password%';
+--------------------------------------+--------+
| Variable_name                        | Value  |
+--------------------------------------+--------+
| validate_password_check_user_name    | OFF    |
| validate_password_dictionary_file    |        |
| validate_password_length             | 8      |
| validate_password_mixed_case_count   | 1      |
| validate_password_number_count       | 1      |
| validate_password_policy             | MEDIUM |
| validate_password_special_char_count | 1      |
+--------------------------------------+--------+
7 rows in set (0.03 sec)
```

图1-3-1 查看密码参数

（4）字符串编码设置。MySQL 的配置文件 /etc/my.cnf 中需要输入两个参数用于设置字符串编码，这两个参数及其值分别是：

```
character_set_server=utf8
init_connect='SET NAMES utf8'
```

character_set_server 参数用于设置服务器端的字符串编码；init_connect 参数用于设置连接建立时使用的字符串编码。

在 MySQL 命令行输入：

```
show variables like 'character_set%';
```

可以查看所有字符串编码相关的设置参数，如图 1-3-2 所示。

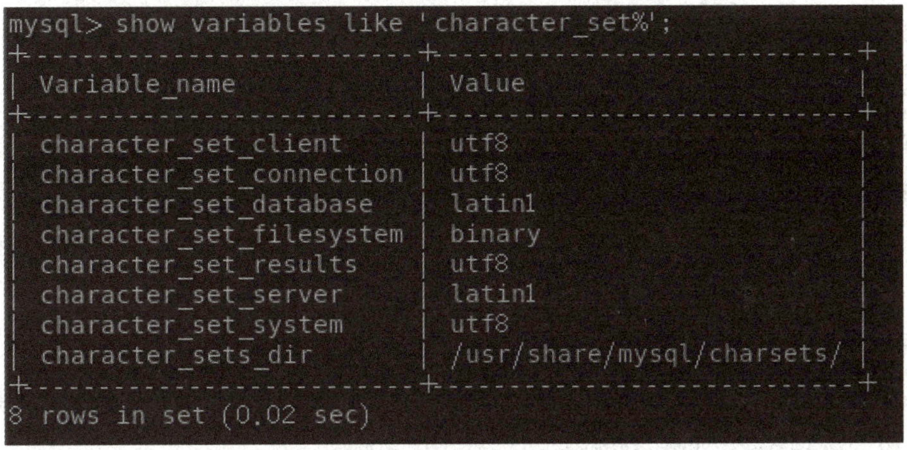

```
mysql> show variables like 'character_set%';
+--------------------------+----------------------------+
| Variable_name            | Value                      |
+--------------------------+----------------------------+
| character_set_client     | utf8                       |
| character_set_connection | utf8                       |
| character_set_database   | latin1                     |
| character_set_filesystem | binary                     |
| character_set_results    | utf8                       |
| character_set_server     | latin1                     |
| character_set_system     | utf8                       |
| character_sets_dir       | /usr/share/mysql/charsets/ |
+--------------------------+----------------------------+
8 rows in set (0.02 sec)
```

图 1-3-2　查看字符串编码参数

在配置文件 my.cnf 中设置了字符编码后，显示的相关设置参数如图 1-3-3 所示。

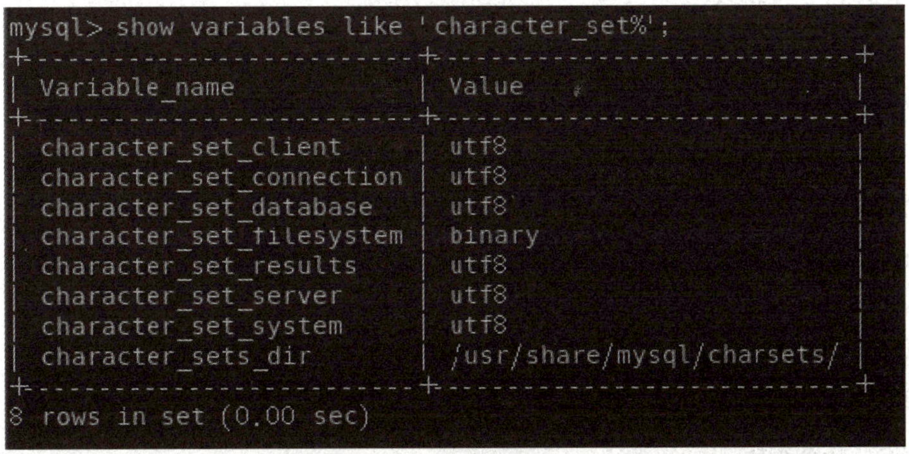

```
mysql> show variables like 'character_set%';
+--------------------------+----------------------------+
| Variable_name            | Value                      |
+--------------------------+----------------------------+
| character_set_client     | utf8                       |
| character_set_connection | utf8                       |
| character_set_database   | utf8                       |
| character_set_filesystem | binary                     |
| character_set_results    | utf8                       |
| character_set_server     | utf8                       |
| character_set_system     | utf8                       |
| character_sets_dir       | /usr/share/mysql/charsets/ |
+--------------------------+----------------------------+
8 rows in set (0.00 sec)
```

图 1-3-3　设置 my.cnf 文件后查看字符串编码参数

任务实现

（一）操作条件

MySQL 数据库在安装并已正常启动服务之后，可以根据安装步骤中的查看 MySQL 状态命令查看 MySQL 运行状态。

（二）安全及注意事项

（1）本操作过程以超级用户 root 进行，或使用添加 sudo 命令，切换方法见任务 1-2。

（2）本操作过程分别在命令行状态、vi 编辑器状态和 MySQL 状态下进行，操作中必须清晰区分。MySQL 命令行中输入命令需要加分号作为结束，即每一条命令最后输入完“;”再按【Enter】键。

（3）注意输入一条命令时即使命令较长，一行不能输入完整也不要换行。

（三）操作过程

1. 打开 vi 编辑器编辑 mysql 配置文档

在系统命令行输入：vi /etc/my.cnf，打开 vi 编辑器。

2. vi 编辑

在文档内添加一行内容：skip-grant-tables，保存后退出。要求此操作结束后正确输入并保存退出。

3. 免密登录 MySQL，系统提示密码输入直接按【Enter】键

在系统命令行输入：mysql -u root -p，系统提示密码输入时直接按【Enter】键即可成功登录，命令行切换到 MySQL 命令行状态。

4. 切换数据库

在 MySQL 命令行输入：

```
use mysql;
```

切换数据库。如果输入无错误，系统就会显示信息“Database changed”。

5. 修改密码

在 MySQL 命令行输入如下命令：

```
update mysql.user set authentication_string=password('123456') where user='root';
```

输入无误就可以将 MySQL 的 root 用户密码修改为 '123456'。

6. 退出 MySQL

在 MySQL 命令行输入：

```
exit;
```

命令输入无错误，就会退出 MySQL，切换到系统命令行。

7. 重复步骤 1，在文档内将步骤 2 中添加的内容前添加“#”变为注释行，然后添加如下字符串编码设置内容

```
character_set_server=utf8
init_connect='SET NAMES utf8'
```

正确输入并保存退出就可以设置字符串编码为“utf8”。

8. 重启 MySQL 服务

在系统命令行输入：

```
systemctl restart mysqld.service
```

重新启动 MySQL 服务，无报错。

9. 使用新密码登录 MySQL

在系统命令行输入：

```
mysql -uroot -p123456
```

成功登录后命令行切换到 MySQL 命令行状态。

10. 设置 MySQL 密码策略强度和密码长度

在 MySQL 命令行输入：

```
set global validate_password_policy=LOW;
```

设置密码策略强度为低强度，在 MySQL 命令行输入：

```
set global validate_password_length=4;
```

设置密码长度为 4。

11. 修改用户 root 的密码

在 MySQL 命令行输入：

```
alter user 'root'@'localhost' identified by '1234';
```

修改用户 root 的登录密码为 '1234'。

12. 更新权限

在 MySQL 命令行输入：

```
flush privileges;
```

更新用户权限。

13. 重复步骤 6，退出 MySQL

问题思考：第一次安装完 MySQL，不管是用临时密码登录还是通过免密方式修改密码登录，如果没有马上修改密码，对数据库的操作都会报错。

首先，如果没有在my.cnf配置文件中设置skip-grant-tables属性，则无法登录，如图1-3-4所示。

```
[chen@localhost etc]$ mysql -u root -p
Enter password:
ERROR 1045 (28000): Access denied for user 'root'@'localhost' (using password: NO)
[chen@localhost etc]$
```

图 1-3-4　未设置 skip-grant-tables 属性无法登录 MySQL

设置了 skip-grant-tables 属性后，登录直接使用 alter 命令修改密码，系统提示目前在“skip-grant-tables”状态，不能执行此命令，如图 1-3-5 所示。

```
mysql> alter user 'root'@'localhost' identified by '12345678';
ERROR 1290 (HY000): The MySQL server is running with the --skip-grant-tables
option so it cannot execute this statement
```

图 1-3-5　在 skip-grant-tables 状态下不能使用 alter 命令修改密码

在“skip-grant-tables”状态下，使用 update 命令更新密码，执行结果如图 1-3-6 所示。

```
mysql> update mysql.user set authentication_string=password('123456') where
user='root';
Query OK, 1 row affected, 1 warning (0.04 sec)
Rows matched: 1  Changed: 1  Warnings: 1
```

图 1-3-6　在 skip-grant-tables 状态下使用 update 命令更新密码

修改配置文件，退出“skip-grant-tables”状态，并重启 MySQL 服务后，重新以上述 update 命令的密码登录，此时输入命令，系统会提示必须先使用 alter 命令修改密码，如图 1-3-7 所示。

```
mysql> show variables like 'character_set%';
ERROR 1820 (HY000): You must reset your password using ALTER USER statement
before executing this statement.
```

图 1-3-7　退出 skip-grant-tables 状态重启 MySQL 服务并登录后必须先用 alter 命令修改密码

此时如果直接修改密码：

```
alter user 'root'@'localhost' identified by '1234';
```

就会触发 MySQL 的安全校验问题，如图 1-3-8 所示。

```
mysql> alter user 'root'@'localhost' identified by '1234';
ERROR 1819 (HY000): Your password does not satisfy the current policy requir
ements
```

图 1-3-8　触发安全校验问题

此时，重新设置密码规则，然后即可修改密码为简单形式，如图 1-3-9 所示。

```
mysql> set global validate_password_policy=0;
Query OK, 0 rows affected (0.01 sec)

mysql> set global validate_password_length=4;
Query OK, 0 rows affected (0.00 sec)

mysql> alter user 'root'@'localhost' identified by '1234';
Query OK, 0 rows affected (0.01 sec)
```

图 1-3-9　重置密码规则

命令中 'root'@'localhost' 的引号不加亦可。

学习结果评价

序号	评价内容	评价标准	评价结果（是 / 否）
1	知识与技能	成功修改 MySQL 密码策略，并设置密码	□是　□否
		在 MySQL 配置文档中正确输入字符串编码设置	□是　□否
2	总　评	“是”与“否”在本次评价中所占百分比	“是”占______% “否”占______%

任务 1-4　卸载 MySQL

任务描述

能在 CentOS 操作系统下完全卸载 MySQL。其中 MySQL 卸载包括程序安装包的卸载和配置文件的删除。

基础知识

（1）卸载操作分为两部分：第一部分是卸载 MySQL 安装包；第二部分是删除 MySQL 相关目录和文档。

（2）在安装步骤中，共安装了以下四个程序包：

◎ mysql-community-common-5.7.31-1.el6.x86_64

◎ mysql-community-libs-5.7.31-1.el6.x86_64

◎ mysql-community-client-5.7.31-1.el6.x86_64

◎ mysql-community-server-5.7.31-1.el6.x86_64

四个包之间存在依赖关系，卸载中只需删除 common 包，则其他三个包都会被删除。

任务实现

（一）操作条件

CentOS 系统中已安装 MySQL 数据库。

（二）安全及注意事项

（1）卸载过程以超级用户 root 进行，或使用添加 sudo 命令，切换方法见任务 1-2。

（2）尽量按照卸载步骤的顺序卸载，否则容易出现卸载不干净的情况，会影响下一次数据库的安装。

（3）注意输入一条命令时即使命令较长，一行不能输入完整，也不要换行。

（三）操作过程

1. 卸载 MySQL 安装包

在系统命令行输入：

```
yum remove mysql-community-common-5.7.31-1.el6.x86_64
```

就会有相关显示输出，并显示依赖。继续使用：

```
yum remove mysql-xxx
```

依次卸载，直到 MySQL 的其他依赖全部卸载掉为止。

2. 删除 MySQL 默认文档存储目录

在系统命令行下输入：

```
rm -rf /var/lib/mysql
```

3. 删除 MySQL 默认安装目录

在系统命令行下输入：

```
rm -rf /usr/share/mysql
```

4. 删除 MySQL 的配置文档

在系统命令行下输入：

```
rm -rf /etc/my.cnf
```

5. 删除 MySQL 的日志文档

在系统命令行下输入：

```
rm -rf /var/log/mysqld.log
```

步骤 2 ～ 5 中，如果没有输入错误，就不会报错，返回到命令行等待输入状态。整个卸载 MySQL 的过程如图 1-4-1 所示。

问题思考一：如何查看 MySQL 安装了哪些包?

命令行输入命令：

```
rpm -qa | grep -i mysql
```

如图 1-4-2 所示可看到 4 个程序包。

问题思考二：如何查看 CentOS 系统中 MySQL 的相关目录?

命令行输入命令：

```
find / -name mysql
```

如果是普通用户，添加 sudo，如图 1-4-3 所示可查看 MySQL 的相关目录。

```
[root@localhost ~]# yum remove mysql-community-common-5.7.31-1.el6.x86_64
已加载插件：fastestmirror
正在解决依赖关系
--> 正在检查事务
---> 软件包 mysql-community-common.x86_64.0.5.7.31-1.el6 将被 删除
--> 正在处理依赖关系 mysql-community-common(x86-64) = 5.7.31-1.el6，它被软件包 mysql-community-server-5.7.31-1.el6.x86_64 需要
--> 正在处理依赖关系 mysql-community-common(x86-64) >= 5.7.9，它被软件包 mysql-community-libs-5.7.31-1.el6.x86_64 需要
--> 正在检查事务
---> 软件包 mysql-community-libs.x86_64.0.5.7.31-1.el6 将被 删除
--> 正在处理依赖关系 mysql-community-libs(x86-64) >= 5.7.9，它被软件包 mysql-community-client-5.7.31-1.el6.x86_64 需要
---> 软件包 mysql-community-server.x86_64.0.5.7.31-1.el6 将被 删除
--> 正在检查事务
---> 软件包 mysql-community-client.x86_64.0.5.7.31-1.el6 将被 删除
--> 解决依赖关系完成

依赖关系解决

================================================================================
 Package                      架构         版本             源            大小
================================================================================
正在删除:
 mysql-community-common       x86_64       5.7.31-1.el6     installed     2.8 M
为依赖而移除:
 mysql-community-client       x86_64       5.7.31-1.el6     installed      99 M
 mysql-community-libs         x86_64       5.7.31-1.el6     installed     9.3 M
 mysql-community-server       x86_64       5.7.31-1.el6     installed     794 M

事务概要
================================================================================
移除  1 软件包 (+3 依赖软件包)

安装大小：905 M
是否继续？[y/N]：y
Downloading packages:
Running transaction check
Running transaction test
Transaction test succeeded
Running transaction
  正在删除    : mysql-community-server-5.7.31-1.el6.x86_64                   1/4
警告：文件 /var/run/mysqld: 移除失败: 没有那个文件或目录
警告：/etc/my.cnf 已另存为 /etc/my.cnf.rpmsave
  正在删除    : mysql-community-client-5.7.31-1.el6.x86_64                   2/4
  正在删除    : mysql-community-libs-5.7.31-1.el6.x86_64                     3/4
  正在删除    : mysql-community-common-5.7.31-1.el6.x86_64                   4/4
  验证中      : mysql-community-client-5.7.31-1.el6.x86_64                   1/4
  验证中      : mysql-community-common-5.7.31-1.el6.x86_64                   2/4
  验证中      : mysql-community-libs-5.7.31-1.el6.x86_64                     3/4
  验证中      : mysql-community-server-5.7.31-1.el6.x86_64                   4/4

删除:
  mysql-community-common.x86_64 0:5.7.31-1.el6

作为依赖被删除:
  mysql-community-client.x86_64 0:5.7.31-1.el6
  mysql-community-libs.x86_64 0:5.7.31-1.el6
  mysql-community-server.x86_64 0:5.7.31-1.el6

完毕！
[root@localhost ~]# rm -rf /var/lib/mysql
[root@localhost ~]# rm -rf /usr/share/mysql
[root@localhost ~]# rm -rf /etc/selinux/targeted/active/modules/100/mysql
[root@localhost ~]# rm -rf /etc/my.cnf
[root@localhost ~]# rm -rf /var/log/mysqld.log
[root@localhost ~]# 
```

图 1-4-1　卸载 MySQL 安装包的过程

```
[chen@localhost ~]$ rpm -qa|grep -i mysql
mysql-community-common-5.7.31-1.el6.x86_64
mysql-community-server-5.7.31-1.el6.x86_64
mysql-community-client-5.7.31-1.el6.x86_64
mysql-community-libs-5.7.31-1.el6.x86_64
[chen@localhost ~]$ 
```

图 1-4-2　查看 MySQL 安装包

```
[chen@localhost ~]$ sudo find / -name mysql
find: ‘/run/user/1000/gvfs’: 权限不够
/etc/logrotate.d/mysql
/var/lib/mysql
/var/lib/mysql/mysql
/usr/bin/mysql
/usr/lib64/mysql
/usr/share/mysql
/home/chen/Downloads/mysql
[chen@localhost ~]$
```

图 1-4-3　查看 MySQL 的相关目录

学习结果评价

序号	评价内容	评价标准	评价结果（是 / 否）
1	知识与技能	使用 rpm 命令卸载 MySQL 安装包	□是　　□否
		使用 find 命令查看相关文件夹和文档，并删除	□是　　□否
2	总　评	“是”与“否”在本次评价中所占百分比	“是”占______% “否”占______%

任务 1-5 创建与删除 MySQL 数据库和数据表

任务描述

在 MySQL 数据库管理系统中正确地创建数据库 supermarket，并结合任务 1-1 中的 E-R 图在 MySQL 数据库管理系统中正确地创建数据表 merchinfo 等，在完成创建后可正确删除所创建的数据库和数据表。

基础知识

（1）数据库文件用于将数据存储为一个有组织的和结构化的格式，通过软件或 Web 应用可以很便捷地检索记录。数据库文件还可以包含关于连同数据本身所使用的数据库模型的细节。数据可以从一个数据库中使用类似结构化查询语言（SQL）的 NoSQL 等查询语言进行查询。

（2）关系数据库中以表为组织单位存储数据。根据表字段所规定的数据类型，可以向其中填入一条条数据，表中一行一行的信息称为记录。

（3）数据库的关键字是 DATABASE，数据表的关键字是 TABLE。

（4）CHARACTER 是字符集。如果设置文件中已设置字符集，则创建命令中可以省略。多数情况下要选择一个支持中文的字符集。

（5）COLLATE：排序规则，一般来说每种 CHARSET 都有多种它所支持的 COLLATE，并且每种 CHARSET 都指定一种 COLLATE 为默认值。例如，Latin1 编码的默认 COLLATE 为 latin1_swedish_ci；GBK 编码的默认 COLLATE 为 gbk_chinese_ci；utf8 编码的默认值为 utf8_general_ci。

（6）MySQL 所支持的常用数据类型见表 1-5-1。

表 1-5-1　MySQL 5.7 支持的常用数据类型

类　别	数据类型	说　明
整数	tinyint	从 0 ~ 255 之间的所有正整数
	smallint	从 -2^{15}（−32 768）到 $2^{15}-1$（32 767）之间的所有正负整数
	mediumint	从 -2^{23}（−8 388 608）到 $2^{23}-1$（8 388 607）之间的所有正负整数
	int	从 -2^{31}（−2 147 483 648）到 $2^{31}-1$（2 147 483 647）之间的所有正负整数
	bigint	极大整数型，从 -2^{63}（-9 223 372 036 854 775 808）到 $2^{63}-1$（9 223 372 036 854 775 807）之间的所有正负整数
浮点数	float	从 $-10^{38}-1$ 到 $10^{38}-1$ 之间的有固定精度和小数位数的数字数据
	double	从 −1.79E-308 到 1.79E +308 的浮点精度数字数据
	decimal	DECIMAL(M,D)，如果 M>D，为 M+2，否则为 D+2，数值范围依赖于 M 和 D 的值
日期和时间	date	从 1000-01-01 日到 9999-12-31 日
	time	从 −838:59:59 到 838:59:59 的时间值或持续时间
	year	从 1901 到 2155 的年份
	datetime	从公元 1000 年 1 月 1 日零时起到公元 9999 年 12 月 31 日 23 时 59 分 59 秒之间的所有日期和时间，其精确度可达三百分之一秒，即 3.33 ms
	timestamp	从 1970-01-01 00:00:00 到 2038 年，结束时间是第 2 147 483 647 秒，北京时间 2038-1-19 11:14:07，格林尼治时间 2038 年 1 月 19 日凌晨 03:14:07
字符串	char	定义形式为 CHAR(n)，n 的取值为 0 ~ 255，固定长度的字符数据
	varchar	定义形式为 VARCHAR(n)，n 的取值为 0 ~ 65 535，可变长度的非 Unicode 字符数据
	tinytext	短文本字符串，大小为 0 ~ 255 字节
	blob	二进制形式的长文本数据，大小为 0 ~ 65 535 字节
	text	长文本数据，大小为 0 ~ 65 535 字节
	mediumblob	二进制形式的中等长度文本数据，大小为 0 ~ 16 777 215 字节
	mediumtext	中等长度文本数据，大小为 0 ~ 16 777 215 字节
	longblob	二进制形式的极大文本数据，大小为 0 ~ 4 294 967 295 字节
	longtext	极大文本数据，大小为 0 ~ 4 294 967 295 字节

任务实现

（一）操作条件

CentOS 系统中已安装 MySQL 数据库。

视频

建库及查看

（二）安全及注意事项

（1）注意操作过程中用到的命令均为连续输入，即输入命令时不要换行。

（2）命令格式里面的 {database name} 和 {table name} 为创建的库名和表名，具体使用时，库名或表名不需要使用“{}”。

（3）MySQL 命令必须以分号结束。

（三）操作过程

1. 创建数据库，使用 MySQL 默认设置的字符集

命令格式为：

```
create database {database name};
```

例如，在 MySQL 命令行输入：

```
create database supermarket;
```

如果输入无误，提示信息中有“Query OK, 1 row affected”，表示成功创建数据库 supermarket。

2. 创建数据库同时设定字符集

命令格式为：

```
create database {database name} CHARACTER SET {CHARSET NAME}
COLLATE {ORDER-RULE NAME};
```

例如，在 MySQL 命令行输入：

```
create database supermarket CHARACTER SET utf8 COLLATE utf8_general_ci;
```

如果输入无误，提示信息中有“Query OK, 1 row affected”，表示成功创建数据库 supermarket，并设置字符集为 utf8。

3. 查看数据库

成功创建数据库后，可通过命令：

```
show databases;
```

查看已经存在的数据库，效果如图 1-5-1 所示，从图中可以看到步骤 1 创建的 supermarket 数据库。

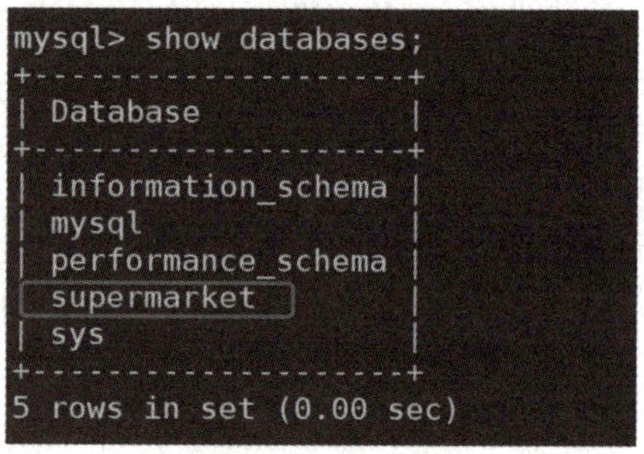

图 1-5-1　查看数据库

4. 修改现有数据库的字符集

命令格式为：

```
alter database {database name} character set {charset name};
```

例如，在 MySQL 命令行输入：

```
alter database supermarket character set latin1;
```

如果输入无误，提示信息中有“Query OK, 1 row affected”，将创建的 supermarket 数据库的字符集设置为 latin1。

5. 打开数据库

命令格式为：

```
use {database name};
```

例如，打开刚才创建的 supermarket 数据库，则在 MySQL 命令行输入：

```
use supermarket;
```

如果输入无错误，系统显示信息“Database changed”。

6. 在 supermarket 数据库中创建数据表 merchinfo

创建数据表的基本格式为：

```
create table {table name} ({column name} {datatype} [constraint],...);
```

例如，按照任务 1-1 所示的 E-R 图创建表 merchinfo，命令为：

```
create table merchinfo (
  merchid char(10) NOT NULL,
  merchname varchar(50) NOT NULL,
  merchprice float NOT NULL,
  spec varchar(10) NOT NULL,
  merchnum int(11) NOT NULL,
  cautionnum int(11) NOT NULL,
  plannum int(11) NOT NULL,
  provideid varchar(10) NOT NULL
);
```

如果输出无错误，提示信息中有“Query OK, 0 rows affected”，重新回到命令行提示符状态，表示成功创建数据表 merchinfo。

7. 创建表的同时设置字符集和数据引擎

视频　建表及查看

命令格式为：

```
create table {table name} ({column name} {datatype} [constraint],...)
ENGINE={ENGINE NAME} DEFAULT CHARSET={CHARSET NAME};
```

例如，步骤 6 中创建 merchinfo 表的同时设置字符集 utf8，则命令为：

```
create table merchinfo (
  merchid char(10) NOT NULL,
  merchname varchar(50) NOT NULL,
  merchprice float NOT NULL,
  spec varchar(10) NOT NULL,
  merchnum int(11) NOT NULL,
  cautionnum int(11) NOT NULL,
  plannum int(11) NOT NULL,
  provideid varchar(10) NOT NULL
) ENGINE=InnoDB DEFAULT CHARSET=utf8;
```

正确创建数据表 merchinfo 后，可按照同样的要求创建 supermarket 数据库中的其他 6 个数据表。

8. 查看数据表

①在 MySQL 中通过命令：

```
show tables;
```

查看已经在当前数据库中创建了哪些表，具体结果如图 1-5-2 所示。

```
mysql> show tables;
+----------------------+
| Tables_in_supermarket |
+----------------------+
| dealing              |
| member               |
| merchinfo            |
| provide              |
| sale                 |
| stock                |
| users                |
+----------------------+
7 rows in set (0.00 sec)
```

图 1-5-2　查看数据表

②可通过命令：

```
desc[ribe] {table name};
```

查看具体某个表的结构。例如，要查看步骤 6 所创建的数据表 merchinfo 的结构，使用如下命令：

```
describe merchinfo;
```

查看到图 1-5-3 所示的数据表结构。

```
mysql> describe merchinfo;
+-------------+-------------+------+-----+---------+-------+
| Field       | Type        | Null | Key | Default | Extra |
+-------------+-------------+------+-----+---------+-------+
| merchid     | char(10)    | NO   | PRI | NULL    |       |
| merchname   | varchar(50) | NO   | UNI | NULL    |       |
| merchprice  | float       | NO   |     | NULL    |       |
| spec        | varchar(10) | NO   |     | NULL    |       |
| merchnum    | int(11)     | NO   |     | NULL    |       |
| cautionnum  | int(11)     | NO   |     | NULL    |       |
| plannum     | int(11)     | NO   |     | NULL    |       |
| provideid   | varchar(10) | NO   |     | NULL    |       |
+-------------+-------------+------+-----+---------+-------+
8 rows in set (0.00 sec)
```

图 1-5-3　查看 merchinfo 表结构

③可通过命令：

```
show create table {table name};
```

查看表创建时的详细信息。例如，要查看步骤 6 创建的数据表 merchinfo 的详细信息，使用如下命令：

```
show create table merchinfo;
```

查看到图 1-5-4 所示的创建表 merchinfo 的详细信息。

9. 删除数据表

视 频

删除库和表

删除数据表的命令格式为：

```
drop table {table name};
```

例如，要删除步骤 6 创建的数据表 merchinfo，命令为：

```
drop table merchinfo;
```

```
mysql> mysql> show create table merchinfo;
+-----------+--------------------------------------
-----------------------------------------------------
-----------------------------------------------------
| Table     | Create Table



+-----------+--------------------------------------
-----------------------------------------------------
-----------------------------------------------------
| merchinfo | CREATE TABLE `merchinfo` (
  `merchid` char(10) NOT NULL,
  `merchname` varchar(50) NOT NULL,
  `merchprice` float NOT NULL,
  `spec` varchar(10) NOT NULL,
  `merchnum` int(11) NOT NULL,
  `cautionnum` int(11) NOT NULL,
  `plannum` int(11) NOT NULL,
  `provideid` varchar(10) NOT NULL,
  PRIMARY KEY (`merchid`),
  UNIQUE KEY `index_mname` (`merchname`)
) ENGINE=InnoDB DEFAULT CHARSET=utf8 |
+-----------+--------------------------------------
-----------------------------------------------------
-----------------------------------------------------
1 row in set (0.00 sec)
```

图 1-5-4　查看创建 merchinfo 表详细信息

10. 删除数据库

删除数据库的命令格式为：

```
drop database {database name};
```

例如，要删除步骤 1 所创建的数据库 supermarket，命令为：

```
drop database supermarket;
```

问题思考：MySQL 中大小写有什么使用规则？

MySQL 中的 SQL 命令不区分大小写。

MySQL 数据库在 Linux 和 Windows 下大小写的设置不同，可以使用下面的命令查看：

```
mysql> show variables like '%case%';
```

在 Linux 服务器下如图 1-5-5 所示。

在 Windows 服务器下如图 1-5-6 所示。

lower_case_file_system 变量用于描述数据目录所在的文件系统上文件名是否区分大小写。OFF 表示文件名区分大小写，ON 表示文件名不区分大小写。此变量是只读的。

lower_case_table_names 变量的值可设置为 0、1、2。

0：大小写敏感。（UNIX、Linux 默认）创建的库表将原样保存在磁盘上。

```
mysql> show variables like '%case%';
+------------------------------------+-------+
| Variable_name                      | Value |
+------------------------------------+-------+
| lower_case_file_system             | OFF   |
| lower_case_table_names             | 0     |
| validate_password_mixed_case_count | 1     |
+------------------------------------+-------+
3 rows in set (0.00 sec)
```

图 1-5-5　Linux 服务器下查看 MySQL 数据库的大小写设置情况

```
mysql> show variables like '%case%';
+------------------------+-------+
| Variable_name          | Value |
+------------------------+-------+
| lower_case_file_system | ON    |
| lower_case_table_names | 1     |
+------------------------+-------+
2 rows in set, 1 warning (0.00 sec)
```

图 1-5-6　Windows 服务器下查看 MySQL 数据库的大小写设置情况

1：大小写不敏感。（Windows 默认）创建库表时，MySQL 将所有的库表名转换成小写存储在磁盘上。SQL 语句同样会将库表名转换成小写。

2：大小写不敏感（OS X 默认）创建的库表将原样保存在磁盘上。

由此可知，在 Linux 系统下，SQL 数据库名、表名和列名都是严格区分大小写的，在 Windows 下则只有列名区分大小写，数据库名和表名不区分大小写。

例如，在 Linux 下执行创建数据库的 SQL 语句“create database 'SuperMarket';”后，创建的数据库名为 SuperMarket，而在 Windows 下则为 supermarket，创建数据表的情况也同此。

学习结果评价

序号	评价内容	评价标准	评价结果（是 / 否）	
1	知识与技能	成功创建数据库 supermarket，无报错	□是	□否
		成功修改数据库 supermarket 的字符编码集，无报错	□是	□否
		打开 supermarket 数据库	□是	□否
		成功创建数据表 merchinfo，无报错	□是	□否
		成功删除数据表 merchinfo	□是	□否
		成功删除 supermarket 数据库	□是	□否
2	职业规范	命令中的大小写统一	□是	□否
3	总　评	“是”与“否”在本次评价中所占百分比	“是”占________% “否”占________%	

任务 1-6　实践训练——设计、创建培训班管理系统数据库

实训目的

1. 理解实体、属性、联系等概念。

2. 掌握绘制 E-R 图的方法。

3. 学会将 E-R 图转换成关系模型并进行规范化。

4. 学会使用 SQL 语句创建数据库和数据表。

实训准备

1. 搭建 MySQL 环境。

2. 认真阅读实训内容，学习实训所需知识和技能。

实训任务

1. 有一个培训班管理系统，功能管理模块如图 1-6-1 所示，需求信息如下：

① 用户分为管理员用户（管理员）和一般用户（学员）。

② 一名学员可以选择多个课程，一个课程可以被多个学员选择。

③ 一名学员可以多次请假。

④ 一名学员可以多次交费。

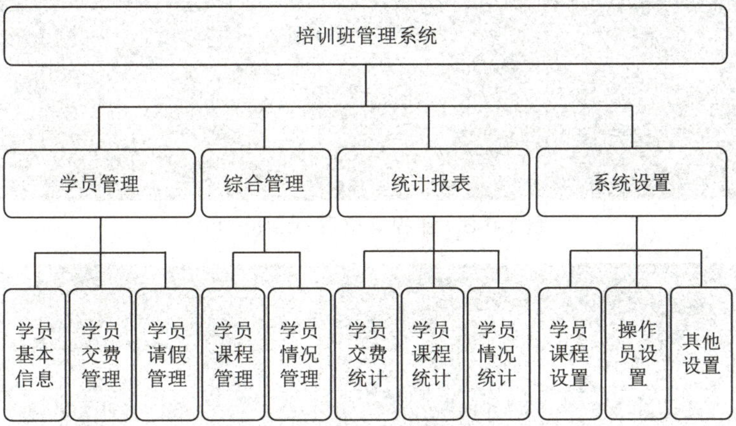

图 1-6-1　培训班管理系统功能模块图

结合上述需求，分析培训班管理系统数据库，得到相关数据项如下：

① 学员信息主要包括：学员编号、姓名、性别、电话、联系地址、入学时间、状态、证件类型、证件号码等。

② 课程信息主要包括：课程号、课程名、学费、开课时间、结束时间、课时等。

③ 管理员信息主要包括：工号、用户名、密码等。

根据上述信息绘制培训班管理系统 E-R 图。

视频

培训班管理系统数据库

2. 根据实训任务 1 所得的 E-R 图，可得到培训班管理数据库 pxbgl 中各表的结构，见图 1-6-2 至图 1-6-8。

Field	Type	Null	Key	Default	Extra
student_id	int(11)	NO	PRI	NULL	
student_name	varchar(20)	NO	UNI	NULL	
sex	char(2)	NO		NULL	
telephone	varchar(13)	NO		NULL	
address	varchar(50)	NO		NULL	
IDtype	varchar(20)	NO		NULL	
IDnumber	varchar(20)	NO		NULL	
entrance_time	datetime	NO		NULL	
status	varchar(6)	NO		NULL	
memo	text	YES		NULL	

图 1-6-2　学员信息表 student_info

Field	Type	Null	Key	Default	Extra
course_id	int(11)	NO		NULL	
course_name	varchar(20)	NO		NULL	
perior	int(11)	NO		NULL	
tuition	float	NO		NULL	
start_time	datetime	NO		NULL	
end_time	datetime	NO		NULL	
enabled_times	int(11)	NO		NULL	
memo	varchar(100)	YES		必修	

图 1-6-3　课程信息表 course_Info

Field	Type	Null	Key	Default	Extra
user_id	int(11)	NO		NULL	
user_name	varchar(50)	NO		NULL	
password	varchar(20)	NO		NULL	

图 1-6-4　操作员信息表 user_info

Field	Type	Null	Key	Default	Extra
id	int(11)	NO		NULL	
student_id	int(11)	NO		NULL	
course_id	int(11)	NO		NULL	
classroom	varchar(50)	NO		NULL	
classtime	datetime	NO		NULL	
ifinclass	char(2)	NO		NULL	

图 1-6-5　上课表 class_info

Field	Type	Null	Key	Default	Extra
id	int(11)	NO		NULL	
student_id	int(11)	NO		NULL	
student_name	varchar(50)	NO		NULL	
origin_price	float	NO		NULL	
discount_amount	float	NO		NULL	
current_price	float	NO		NULL	
arrearage	float	NO		NULL	
pay_date	datetime	NO		NULL	
user_id	int(11)	NO		NULL	
memo	text	YES	MUL	NULL	

图 1-6-6　交费表 pay_info

Field	Type	Null	Key	Default	Extra
id	char(10)	NO		NULL	
student_id	int(11)	NO	PRI	NULL	
student_name	varchar(20)	NO		NULL	
course_id	int(11)	NO	PRI	NULL	
course_name	varchar(20)	NO		NULL	

图 1-6-7　选课表 course_selection

Field	Type	Null	Key	Default	Extra
id	int(11)	NO	PRI	NULL	auto_increment
student_id	int(11)	NO		NULL	
student_name	varchar(20)	NO		NULL	
start_time	datetime	NO		NULL	
end_time	datetime	NO		NULL	
leavedays	int(11)	NO		NULL	
user_id	int(11)	NO		NULL	
memo	text	YES		NULL	

图 1-6-8　请假表 sleave

参考上述表结构，使用相应的 SQL 语句按照要求完成下列任务：

（1）使用 SQL 语句在 MySQL 环境中创建数据库 pxbgl，可以在建库时指定编码为 utf8，排序规则为 utf8_general_ci，也可以创建后修改。

（2）在 pxbgl 数据库中创建上述七个数据表。

实训提示

1. 在 Windows 操作系统下选择绿色安装 MySQL。

（1）根据自己计算机的情况，从 MySQL 官网上下载文件包，并解压到指定路径下，其中的文件目录结构如图 1-6-9 所示。

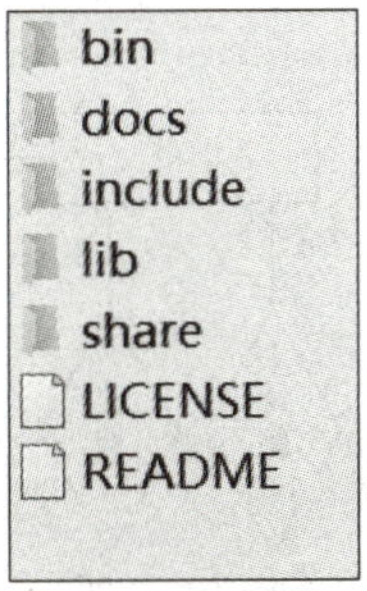

图 1-6-9　MySQL 文件夹下的文件目录结构

在此处可新建一个文件夹 data，用来存放数据库文件。创建一个配置文件 my.ini，具体内容需要设置：basedir（安装目录）和 datadir（数据库数据存放目录），端口号（默认为 3306），服务路径（即 mysqld.exe 文件所在路径）。也可以设置默认的服务器端和客户端的编码方式。

（2）配置 Path 路径。系统属性→高级→系统变量→ path 后添加 MySQL 文件夹中 bin 目录的完整路径。

具体配置文件的内容如图 1-6-10 所示。

```
[mysqld]
basedir ="                              " # 设置mysql的安装目录
datadir ="                                  " # 设置mysql数据库的数据的存放目
录，必须是data，或者是//xxx/data

sql_mode=NO_ENGINE_SUBSTITUTION,STRICT_TRANS_TABLES

#服务端的编码方式
character-set-server=utf8mb4
[client]
#客户端编码方式，最好和服务端保存一致
loose-default-character-set=utf8mb4

# 端口号设置
port=3306

[WinMySQLadmin]
Server = "                              "
```

图 1-6-10　配置文件的内容

（3）使用系统管理员运行 cmd，在命令提示符“>”下做如下操作：

首先切换到 bin 目录下，执行 mysqld--install 命令安装 MySQL 服务；其次，执行 mysqld --initialize –console 命令根据配置文件进行初始化，在命令执行后的返回信息中找到“localhost: ...”，然后执行 net start mysql 命令启动 MySQL 服务，执行 mysql -uroot -p 命令进入 MySQL，此时需要输入密码，密码的内容在“localhost: ...”中，可以复制粘贴过来。在进入 MySQL 后，执行 set password=password(''); 语句修改密码，单引号内的内容可根据自己的需求进行修改。

2. 培训班管理系统 E-R 图参考图 1-6-11 至图 1-6-18。

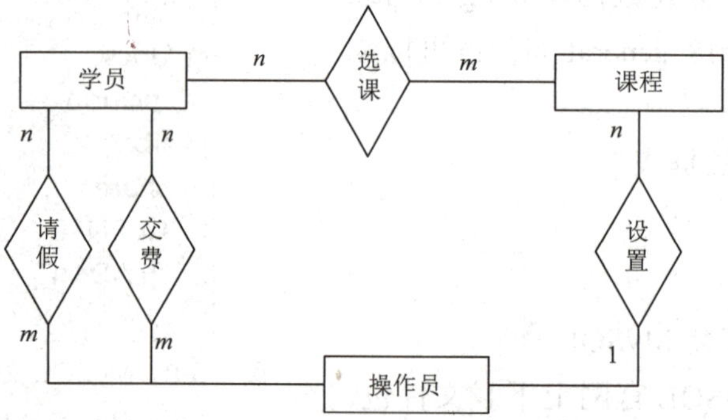

图 1-6-11　培训班管理系统整体 E-R 图

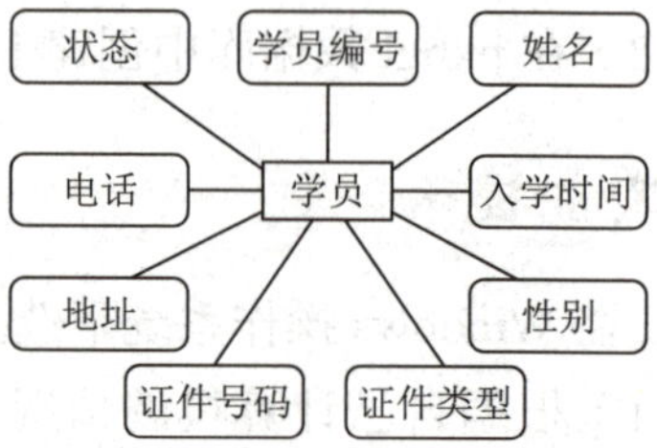

图 1-6-12　学员实体 E-R 图

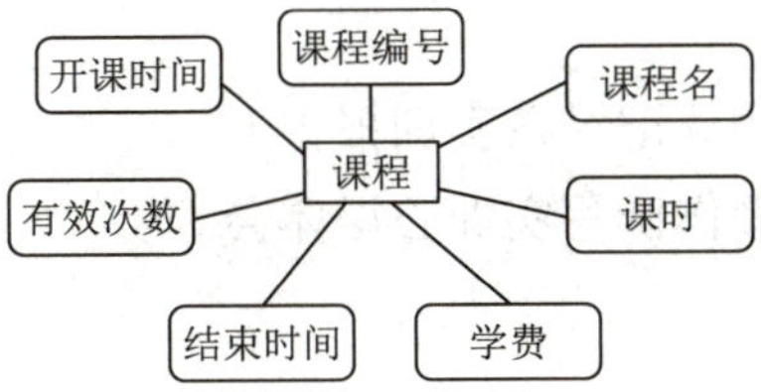

图 1-6-13　课程实体 E-R 图

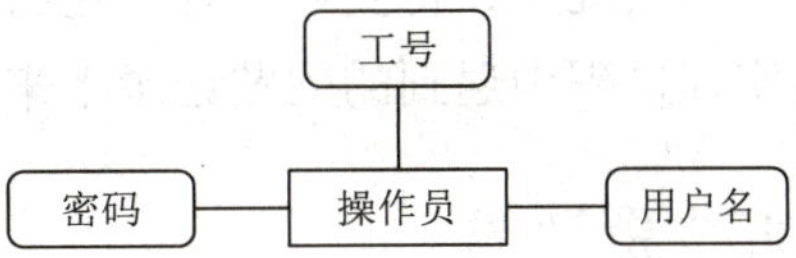

图 1-6-14　操作员实体 E-R 图

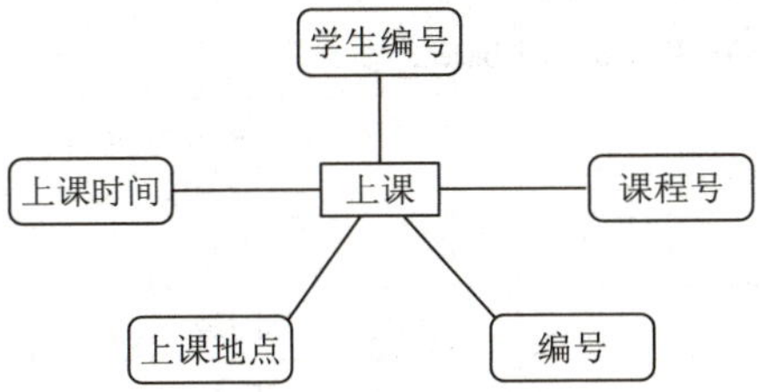

图 1-6-15　设置上课关系 E-R 图

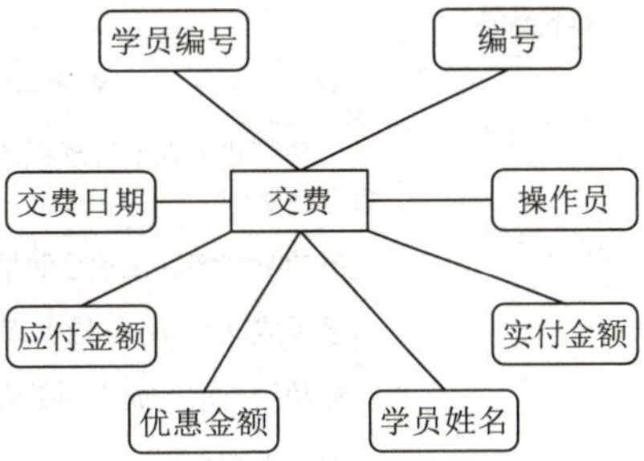

图 1-6-16　交费关系 E-R 图

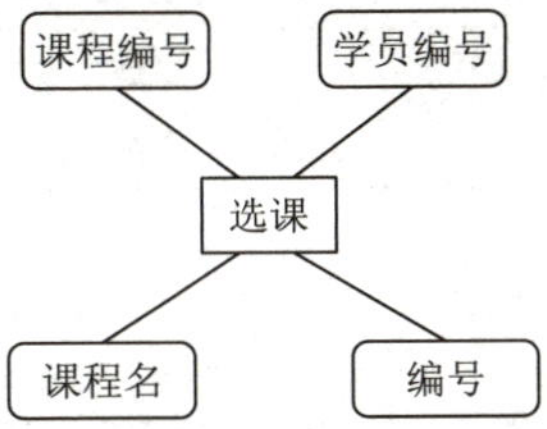

图 1-6-17　选课关系 E-R 图

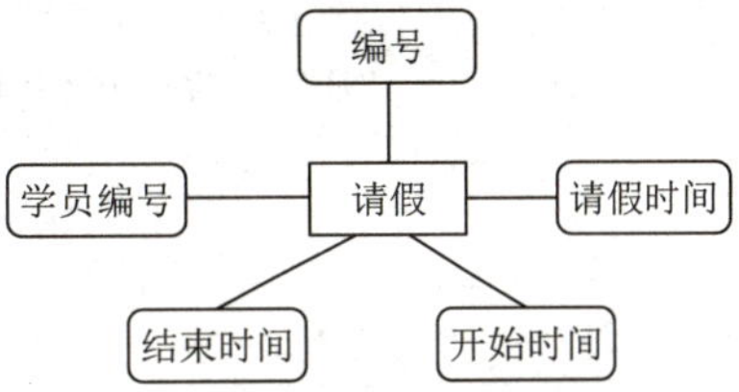

图 1-6-18　请假关系 E-R 图

3. 执行 create database pxbgl; 命令创建数据库；执行 alter database pxbgl CHARACTER SET utf8 COLLATE utf8_general_ci; 命令修改编码方式；执行 use pxbgl; 命令打开数据库。以 student_info 为例，创建数据表：

```
create table student_info(
  student_id int not null auto_increment,
  student_name varchar(20) not null,
  sex char(2) not null,
  telephone varchar(13) not null,
  address varchar(50) not null,
  IDtype varchar(20) not null,
  IDnumber varchar(20) not null,
  entrance_time date not null,
  status varchar(6) not null,
  memo varchar(100) null
);
```

4. 如果数据库创建时出错，可使用 drop database pxbgl; 命令删除后重新创建。同理，创建数据表时出错，也可使用 drop table student_info; 命令删除后重新创建。表名根据具体情况自行修改。

实训报告要求：

1. 结合实训提示，将实训过程中进行的各项工作和步骤记录在实训报告上。
2. 将实训过程中遇到的问题记录下来，结合具体的操作撰写实训心得体会。

实训结果评价

序号	评价内容	评价标准	评价结果（是/否）
1	知识与技能	成功在 Windows 操作系统上安装 MySQL，能够正常使用	□是　□否
		成功创建培训班管理系统数据库 pxbgl，能够使用 show databases; 命令检测到	□是　□否
		成功参照实训提示绘制培训班管理系统 E-R 图	□是　□否
		至少成功在 pxbgl 数据库中创建一个表	□是　□否
		成功按要求完成实训报告的撰写	□是　□否
2	职业规范	命令中大小写统一	□是　□否
		文档格式规范	□是　□否
3	总　评	“是”与“否”在本次评价中所占百分比	“是”占________% “否”占________%

工作任务2 使用数据表

学习目标

（1）能按要求正确修改表的定义，即正确使用 alter table 语句。

（2）能正确向表中添加数据、修改表中数据、删除表中数据，即正确使用 insert 语句、update 语句和 delete 语句。

素质目标

（1）通过复习数据库相关知识和操作技能以及线上同名课程的预习，培养借助网络平台搜索信息、学习新知识的能力。

（2）通过预习成果分组讨论，培养团队协作精神。

（3）通过学习新知识新技能时的反复练习和训练，培养工匠精神。

最终目标

能根据任务要求创建包含完整数据的数据表。

任务 2-1 修改数据表的定义

任务描述

根据要求修改 supermarket 数据库中已经存在的表的定义，包括修改表的名称、修改表中字段的名称、修改表中字段的数据类型，还包括增加表中字段、删除表中字段、更改表的存储引擎。

基础知识

（1）修改表名称的语句格式是：

```
alter table {old tablename} rename [to] {new tablename};
```

（2）修改表中字段的数据类型的语句格式是：

```
alter table {tablename} modify {columnname datatype};
```

（3）修改表中字段名称的语句格式是：

```
alter table {tablename} change {old columnname} {new columnname new datatype};
```

（4）增加表中字段的语句格式是：

```
alter table {tablename} add {columnname1} datatype [constraint约束] [first|after columnname2];
```

（5）删除表中字段的语句格式是：

```
alter table {tablename} drop {columnname};
```

（6）更改数据表的存储引擎的语句格式是：

```
alter table {tablename} engine={enginename};
```

（7）MySQL 存储引擎是指 MySQL 数据库中表的存储类型，包括 InnoDB、MyISAM、MEMORY 等，在创建表时存储引擎已经设定好，一般情况下为 InnoDB，如果要改变可通过上述语句完成。

任务实现

（一）操作条件

supermarket 数据库已经建好，并且已经创建好七个数据表。

（二）安全及注意事项

注意任务要求中提出的修改要求，输入语句时不要弄错 alter table 语句的后半部分内容。

（三）操作过程

（1）将 supermarket 数据库中名为 merch 的数据表更名为 merchinfo。

使用命令：

```
alter table merch rename to merchinfo;
```

视 频

修改数据表的定义

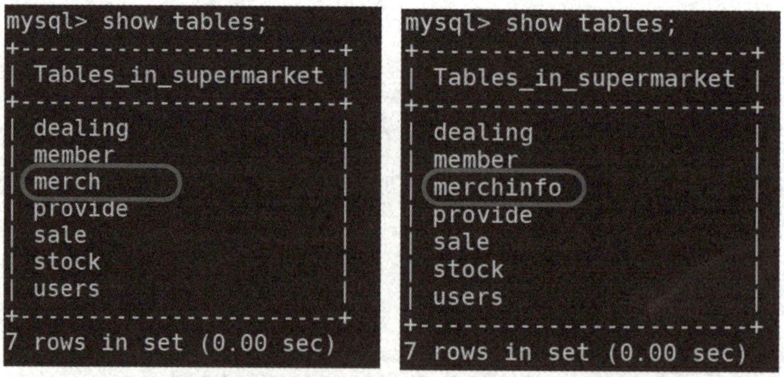

图 2-1-1 修改数据表名称（左图为修改前，右图为修改后）

（2）修改数据表 users 中的 Userstyle 字段的数据类型，将原来的 int 类型修改为 tinyint 类型。

使用命令：

```
alter table users modify Userstyle tinyint;
```

从图 2-1-2 中可以看到，users 表的 Userstyle 的数据类型已经成功修改为 tinyint，但由于 users 表在原来的定义中是要求 Userstyle 字段不能为空，而修改时并没有加上 not null 限定，所以修改后显示该字段可以为空。

```
mysql> describe users;
+-----------+-------------+------+-----+---------+-------+
| Field     | Type        | Null | Key | Default | Extra |
+-----------+-------------+------+-----+---------+-------+
| Userid    | varchar(10) | NO   |     | NULL    |       |
| Username  | varchar(25) | NO   |     | NULL    |       |
| Userpw    | varchar(50) | NO   |     | NULL    |       |
| Userstyle | int(11)     | NO   |     | NULL    |       |
+-----------+-------------+------+-----+---------+-------+
4 rows in set (0.00 sec)
mysql> describe users;
+-----------+-------------+------+-----+---------+-------+
| Field     | Type        | Null | Key | Default | Extra |
+-----------+-------------+------+-----+---------+-------+
| Userid    | varchar(10) | NO   |     | NULL    |       |
| Username  | varchar(25) | NO   |     | NULL    |       |
| Userpw    | varchar(50) | NO   |     | NULL    |       |
| Userstyle | tinyint(4)  | YES  |     | NULL    |       |
+-----------+-------------+------+-----+---------+-------+
4 rows in set (0.00 sec)
```

图 2-1-2　修改表中字段数据类型（上图为修改前，下图为修改后）

（3）修改 merchinfo 表中 merchid 字段的名称，将原来的字段名称修改成首字母大写，数据类型和不能为空不变。

使用命令：

```
alter table merchinfo change merchid Merchid char(10) not null;
```

（4）向 provide 表中增加一个描述供应商联系人信息的字段 providecontacts，要求新增加的字段数据类型为 10 位可变长字符型，允许为空。

使用命令：

```
alter table provide add providecontacts varchar(10);
```

可以得到图 2-1-3 所示的新的 provide 表结构。

```
mysql> describe provide;
+-----------------+--------------+------+-----+---------+-------+
| Field           | Type         | Null | Key | Default | Extra |
+-----------------+--------------+------+-----+---------+-------+
| provideid       | varchar(10)  | NO   |     | NULL    |       |
| providename     | varchar(100) | NO   |     | NULL    |       |
| provideaddress  | varchar(250) | YES  |     | NULL    |       |
| providephone    | varchar(12)  | NO   |     | NULL    |       |
| providecontacts | varchar(10)  | YES  |     | NULL    |       |
+-----------------+--------------+------+-----+---------+-------+
5 rows in set (0.00 sec)
```

图 2-1-3　增加字段的 provide 表结构

（5）删除 provide 表中刚增加的 providecontacts 字段。

使用命令：

```
alter table provide drop providecontacts;
```

（6）将 users 表的存储引擎设置为 MyISAM。

使用命令：

```
alter table users engine=MyISAM;
```

更改表的存储引擎前后效果如图 2-1-4 所示。

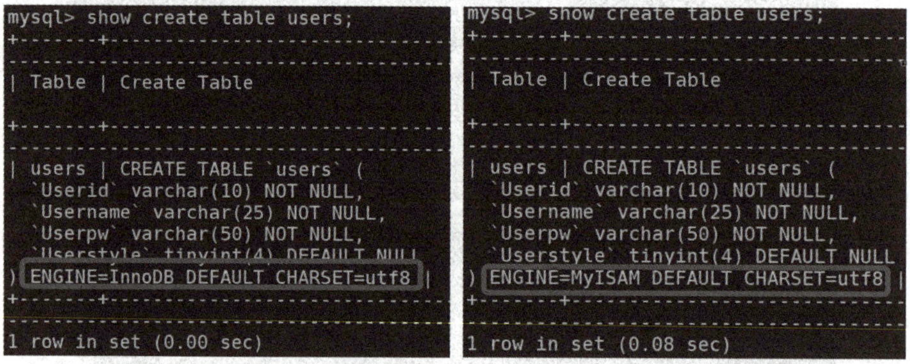

图 2-1-4 更改表的存储引擎（左图是更改前，右图是更改后）

问题思考：输入 alter table 命令时报错。

解决方法：按照上述 6 个操作过程以及 7 个知识点的内容检查输入的命令中是否有输入错误，尤其是表名、字段名等。

学习结果评价

序号	评价内容	评价标准	评价结果（是 / 否）
1	知识与技能	正确修改指定表的名称	□是 □否
		正确修改指定表中指定字段的数据类型	□是 □否
		正确指定表中指定字段名称	□是 □否
		正确增加指定表中的字段	□是 □否
		正确删除指定表中的指定字段	□是 □否
		正确更改指定表的存储引擎	□是 □否
2	职业规范	输入命令是否注意大小写	□是 □否
		是否在修改前后做对比	□是 □否
3	总　评	“是”与“否”在本次评价中所占百分比	“是”占______% “否”占______%

任务 2-2　向数据表添加数据

任务描述

能根据任务要求正确地向数据表写入新的记录，即向表中添加一行或多行数据。

基础知识

（1）向数据表插入一条完整的记录。按照数据表默认的字段顺序添加数据的语句格式为：

```
insert into {tablename} values(value1,value2,…);
```

此时值的个数必须与表中定义的字段的个数一致，而值的数据类型也必须与表中定义的字段的数据类型一一对应。

（2）如果数据表中有允许为空的字段，在向数据表插入数据时，插入的记录可能是一条不完整的记录，此时的语句格式为：

```
insert into {tablename}(column1,column2,…) values(value1,value2,…);
```

此时表名后跟的字段的个数和数据类型必须与值的个数和数据类型相一致。向数据表插入一条完整的记录也可以使用该格式，如果使用该格式，字段的顺序可与表中定义的字段的顺序不同。

（3）在 MySQL 中，使用 insert 语句向表中添加数据时同时插入多条记录，具体语句格式为：

```
insert into {tablename}[(column list)] values(value list1),(value list2),…,
(value listn);
```

此时，字段列表中字段的个数和数据类型必须与值列表中值的个数和数据类型一致。

任务实现

（一）操作条件

supermarket 数据库已经建好，并且已经创建好七个数据表。

视 频

向表中添加数据

（二）安全及注意事项

（1）注意任务要求中提出的添加数据要求，输入语句时不要弄错 insert 语句是否需要字段，或是字段列表与值列表之间是否匹配。

（2）注意任务要求提出的是添加一条记录，还是同时添加多条记录。

（三）操作过程

（1）向 supermarket 数据库的 merchinfo 表中添加一条完整的商品信息记录，具体内容为：商品编号（merchid）为 S900120102；商品名称（merchname）为百雀羚护肤脂；价格（merchprice）为 10.00 元；规格（spec）是 40 g/ 盒，商品数量（merchnum）为 30 盒；报警数量（cautionnum）为 5 盒；计划数量（plannum）为 50 盒；供应商编码（provideid）为 G202312302。

可使用如下命令：

① 不指定字段名，按默认顺序插入完整的商品信息，具体命令如下：

```
insert into merchinfo
values('S900120102','百雀羚护肤脂',10.00,'40g/盒',30,5,50,'G202312302');
```

② 指定字段名，按指定顺序插入完整的商品信息，具体命令如下：

```
insert into merchinfo
(merchid,merchname,merchprice,spec,merchnum,cautionnum,plannum,provideid)
values('S900120102','百雀羚护肤脂',10.00,'40g/盒',30,5,50,'G202312302');
```

成功插入完整的商品信息后，可以在 merchinfo 表最后一行看到商品“百雀羚护肤脂”的详细内容，如图 2-2-1 所示。

mysql> select * from merchinfo;

merchid	merchname	merchprice	spec	merchnum	cautionnum	plannum	provideid
S690180880	杏仁露	3.3	12斤/箱	50	2	50	G200312103
S700120101	QQ糖	12	10粒/袋	500	10	100	G200312105
S700120102	老面包	5	300克	20	5	50	G200312302
S700120103	提子饼干	7.8	200克	25	3	20	G200312302
S800313106	西红柿	22.4	30个/箱	50	5	20	G200312102
S800408101	方便面	29	20袋/箱	50	5	30	G200312101
S800408308	白糖	2	1斤/袋	1120	150	50	G200312102
S800408309	胡萝卜	2.5	20斤/箱	20	1	15	G200312103
S900120102	百雀羚护肤脂	10	40g/盒	30	5	50	G202312302

9 rows in set (0.00 sec)

图 2-2-1　成功插入一条商品信息后

（2）向 supermarket 数据库的 provide 表中添加一条不完整的供应商信息记录，具体内容为：供应商编号（provideid）：G200312305；供应商名称（providename）：富胜贸易有限公司；供应商电话（providephone）：07692307767*。此处因为供应商信息表 provide 中的供应商地址（provideaddress）字段是可以为空的，所以在这里没有给该字段设置确切的值，也就是说，向 provide 表中添加的供应商信息是缺少供应商地址的。此时可使用如下命令：

说明：字段“供应商电话”中的电话条码为数字，均为虚拟号码，为避免巧合，对最后一位进行了处理，“*”代表一个数字。本书中后续出现类似情况，一律参照本说明。

```
insert into provide(provideid,providename,providephone)
values('G200312305','富胜贸易有限公司','07692307767*');
```

这条命令必须要指定字段名称，指定字段顺序插入一条不完整的供应商信息，没有给出的供应商地址的值自动插入一个 NULL 值，如图 2-2-2 所示。

provideid	providename	provideaddress	providephone
G200312101	长春食品厂	吉林省长春市岭东路	04317845954*
G200312102	朝阳食品有限公司	江苏省无锡市南长区	05108270378*
G200312103	黑龙江食品厂	黑龙江省哈尔滨市	04514516547*
G200312104	松原食品有限公司	江苏省江阴市	05105167809*
G200312105	正鑫食品有限公司	江苏省无锡市北塘区	05108261345*
G200312201	兴隆纸品有限公司	上海市浦东	02588992341*
G200312301	宜兴紫砂厂	江苏省宜兴市	01385955445*
G200312302	康元食品有限公司	江苏省	05101234543*
G200312305	富胜贸易有限公司	NULL	07692307767*

9 rows in set (0.00 sec)

图 2-2-2　成功插入一条不完整的供应商信息后

（3）向 supermarket 数据库的 sale 表中添加四条完整的销售信息记录，具体内容见表 2-2-1。

表 2-2-1　要添加的四条完整的销售信息内容

saleid	Merchid	Saledate	Salenum	Saleprice	userid
14	S800408101	2021-01-04 00:00:00	2	50	2011010330
15	S800312101	2021-01-04 00:00:00	2	24	2011010330
16	S800408308	2021-01-06 00:00:00	3	6	2011010331
17	S693648936	2021-01-30 00:00:00	2	175	2011010332

此时要求一次性添加多条记录，需要在 insert 语句的 values 关键字后面跟多个值列表。具体命令为：

```
insert into sale(saleid,Merchid,Saledate,Salenum,Saleprice,userid)
values(14,'S800408101','2021-1-4',2,50,'2011010330'),
(15,'S800312101','2021-1-4',2,24,'2011010330'),
(16,'S800408308','2021-1-6',3,6,'2011010331'),
(17,'S693648936','2021-1-30',2,175,'2011010332');
```

此时切记，一个 insert 语句中只能匹配一个 values 关键字，值列表使用一对圆括号括起来，值列表之间使用半角逗号分隔。

问题思考一：向表中同时添加多条记录信息时报错，如图 2-2-3 所示。

```
mysql> insert into sale(saleid,Merchid,Saledate,Salenum,Saleprice,userid) values(14,'S800408101','2021-1-4',2,50,'2011010330'),va
lues(15,'S800312101','2021-1-4',2,24,'2011010330'),values(16,'S800408308','2021-1-6',3,6,'2011010331'),values(17,'S693648936','20
21-1-30',2,175,'2011010332');
ERROR 1064 (42000): You have an error in your SQL syntax; check the manual that corresponds to your MySQL server version for the
right syntax to use near 'values(15,'S800312101','2021-1-4',2,24,'2011010330'),values(16,'S800408308','202' at line 1
```

图 2-2-3　向表中同时添加多条记录信息报错

解决方法：按照上述第 3 个操作中的语句检查输入的命令中是否有输入错误，会发现每个值列表前都有一个 values 关键字，这与一个 insert 语句只匹配一个 values 关键字的要求相悖。

问题思考二：向表中添加记录信息时是否还有其他方法？

回答是肯定的，除了在基础知识中讲到的三种格式外，向表中添加记录还可以使用如下语法格式：

```
insert into {tablename}
set column1=value1[,column2=value2,…];
```

比如，要向用户信息表（users）中添加一个新的用户，用户编号（userid）：2021020401；用户姓名（username）：张小红；用户密码（userpw）：×××××；用户类别（userstyle）：2。可以使用如下语句完成：

```
insert into users set userid='2021020401',username='张小红', userpw='×××××',
userstyle=2;
```

此处的 set column1=value1[,column2=value2,…] 与后面将要学习的修改表中数据语句的使用方法是一致的。

问题思考三：如何查看表中的数据是否发生变化？

解决方法：使用最基本的单表简单查询语句查看表中的信息，就可以得知表中的数据是否发生变化。具体语句格式为：

```
select {column1,column2,…|*}
from {tablename};
```

select 语句格式较为复杂，后面会陆续学习相关知识和技能。在数据表的增加、修改、删除等基本操作中，可以使用上述格式查看表中的数据变化情况。格式中 select 子句后面可以跟具体的字段名称列表，也可以跟 * 表示表中的全部字段，表示查看表中指定字段的信息或是全部字段的信息。

学习结果评价

序号	评价内容	评价标准	评价结果（是/否）
1	知识与技能	正确插入完整的指定表记录	□是　　□否
		正确插入不完整的指定表记录	□是　　□否
		正确插入多条指定表记录	□是　　□否
2	职业规范	输入命令是否注意大小写	□是　　□否
		是否在插入记录前后做对比	□是　　□否
3	总　评	“是”与“否”在本次评价中所占百分比	“是”占______% “否”占______%

任务 2-3 修改表中数据

任务描述

能按照任务要求正确地修改表中一个或几个字段的值。

基础知识

（1）修改表中已经存在的数据，使用 update 语句实现，具体格式如下：

```
update {tablename}
set column1=value1[,column2=value2,…]
where condition expression;
```

update 语句中的 where 子句用来设置修改表中数据的条件，即将满足条件表达式的那些记录中的字段名 1 的值改为值 1，字段名 2 的值改为值 2，依此类推。

（2）如果修改表中数据时没有设置条件表达式，则所做的修改将会针对表中全部记录，具体格式如下：

```
update {tablename}
set column1=value1[,column2=value2,…];
```

任务实现

（一）操作条件

supermarket 数据库已经建好，并且已经创建好七个数据表，每个表中都有完整的数据。

（二）安全及注意事项

（1）注意任务要求中提出的修改数据要求，输入语句时不要弄错 update 语句是否需要设置条件。

（2）注意任务要求提出的是修改一个字段的值，还是修改多个字段的值。

视 频

修改表中数据

（三）操作过程

（1）修改商品信息表中所有价格低于 5.00 元的商品价格，将满足条件的商品价格上调 0.5 元。

从图 2-2-1 中可以看到商品信息表中的记录，其中有三种商品的价格是低于 5.00 元的，可以使用如下语句实现任务要求：

```
update merchinfo
set merchprice=merchprice+0.5
where merchprice<5;
```

修改后的商品信息表如图 2-3-1 所示。

Merchid	Merchname	merchprice	Spec	Merchnum	Cautionnum	Plannum	Provideid
S690180880	杏仁露	3.5	12斤/箱	50	2	50	G200312103
S800312101	QQ糖	12	10粒/袋	500	10	100	G200312105
S800313106	西红柿	22.4	30个/箱	50	5	20	G200312102
S800408101	方便面	29	20袋/箱	50	5	30	G200312101
S800408308	白糖	2	1斤/袋	100	10	50	G200312102
S800408309	胡萝卜	2.5	20斤/箱	20	1	15	G200312103
S700120101	提子饼干	7.8	200克	25	3	20	G200312302
S700120102	老面包	5	300克	30	5	50	G200312302

8 rows in set (0.01 sec)

图 2-3-1　修改低于 5.00 元的商品价格后的商品信息表

（2）修改会员信息表（member），将 2011 年后（含 2011 年）注册的会员的会员卡号在原来的卡号前加“21”，消费总额在原来基础上增加 500 元。

原有会员信息表的信息如图 2-3-2 所示。

memberid	membercard	totalcost	regdate
1002300011	6325320200295144	3050.8	2009-09-08 00:00:00
1002300012	6325320200295145	5030	2009-09-08 00:00:00
1002300013	6325320200295146	12305.9	2009-09-08 00:00:00
1002300014	6325320200295147	1240	2009-09-09 00:00:00
1002300018	6325320200295161	345.6	2010-08-09 00:00:00
1002300019	6325320200295162	1624.7	2010-09-04 00:00:00
1002300022	6325320200295288	340.9	2011-05-01 00:00:00
1002300028	6325320200295298	340.9	2011-06-01 00:00:00

8 rows in set (0.00 sec)

图 2-3-2　会员信息表

根据任务要求，修改数据的条件是 regdate>='2011-1-1'，修改的字段为 membercard 和 totalcost，其中，消费总额增加 500 元，就是 totalcost=totalcost+500，会员卡号在原来的卡号前加“21”，就是在 membercard 字段前添加字符串 "21"，需要使用方法 concat，即：membercard= concat('21',membercard)。完成任务要求的完整语句如下：

```
update member
set membercard=concat('21',membercard),totalcost=totalcost+500
where regdate>='2011-1-1';
```

成功执行完该语句后，会员信息表如图 2-3-3 所示，其中框线内的数据是修改过的。

memberid	membercard	totalcost	regdate
1002300011	6325320200295144	3050.8	2009-09-08 00:00:00
1002300012	6325320200295145	5030	2009-09-08 00:00:00
1002300013	6325320200295146	12305.9	2009-09-08 00:00:00
1002300014	6325320200295147	1240	2009-09-09 00:00:00
1002300018	6325320200295161	345.6	2010-08-09 00:00:00
1002300019	6325320200295162	1624.7	2010-09-04 00:00:00
1002300022	216325320200295288	840.9	2011-05-01 00:00:00
1002300028	216325320200295298	840.9	2011-06-01 00:00:00

8 rows in set (0.00 sec)

图 2-3-3　修改后的会员信息表

（3）将会员信息表（member）中全部会员的会员卡号（membercard）在原有值的前面添加“21”。可以使用如下语句：

```
update member set membercard=concat('21',membercard);
```

得到图 2-3-4 所示的结果。

memberid	membercard	totalcost	regdate
1002300011	216325320200295144	3050.8	2009-09-08 00:00:00
1002300012	216325320200295145	5030	2009-09-08 00:00:00
1002300013	216325320200295146	12305.9	2009-09-08 00:00:00
1002300014	216325320200295147	1240	2009-09-09 00:00:00
1002300018	216325320200295161	345.6	2010-08-09 00:00:00
1002300019	216325320200295162	1624.7	2010-09-04 00:00:00
1002300022	216325320200295288	340.9	2011-05-01 00:00:00
1002300028	216325320200295298	340.9	2011-06-01 00:00:00

8 rows in set (0.01 sec)

图 2-3-4　修改全部会员卡号后的会员信息表

问题思考一：在修改字符型字段数据时，可不可以使用“+”连接字符串？

不可以，在 MySQL 中，修改字符型数据要进行字符串连接，要使用 concat() 函数，格式为：

```
concat(str1,str2,…)
```

问题思考二：日期型数据如何比较？

日期型数据可以使用比较运算符进行比较，上述操作过程中的第 2 个任务中要求 2011 年以后（含 2011 年）注册的，实质就是要求字段 regdate 是从 2011 年 1 月 1 日开始，即 regdate>='2011-1-1'。

学习结果评价

序号	评价内容	评价标准	评价结果（是 / 否）
1	知识与技能	正确完成修改一个字段值的任务	□是　□否
		正确完成修改多个字段值的任务	□是　□否
		正确完成修改表中全部记录的一个字段值任务	□是　□否
2	职业规范	输入命令是否注意大小写	□是　□否
		是否在修改数据前后做对比	□是　□否
3	总　评	“是”与“否”在本次评价中所占百分比	“是”占________% “否”占________%

任务 2-4　删除表中数据

任务描述

能按照任务要求正确地删除表中一行或多行记录。

基础知识

（1）使用 delete 语句删除表中已经存在的数据。格式如下：

```
delete from {tablename}
where condition expression;
```

delete 语句中的 where 子句用来设置删除表中数据的条件，与 update 语句中的 where 子句类似，就是将满足条件表达式的那些记录从表中删除。

（2）使用没有条件表达式的 delete 语句删除表中全部已经存在的数据。格式如下：

```
delete from {tablename};
```

（3）使用 truncate 语句删除表中全部已经存在的数据。格式如下：

```
truncate [table] {tablename};
```

此处的关键字 table 是可选项，表示可以写，也可以不写，这个语句可以实现删除表中全部已经存在的数据。

（4）对于同样是删除表中全部已经存在的数据，delete 和 truncate 的区别如下：

① 语句的性质不同。delete 语句是被归属到数据操纵语言（DML）范围的，而 truncate 语句是被归属到数据定义语言（DDL）范围的。

② 语句的结果不同。delete 语句能够触发删除触发器的执行，如果遇到事务回滚，删除的数据会恢复，而 truncate 语句不能触发删除触发器的执行，删除后的数据不会恢复，如果表中有自动增值的字段，执行 truncate 语句后，会自动重新计数，而 delete 语句执行后不会。

③ 语句的使用环境不同。delete 语句可以使用 where 子句删除部分数据，也可以不使用 where 子句删除全部数据，truncate 语句就是删除表中全部数据。此外，在有外键的情况下，truncate 语句不能直接删除数据，必须先删除外键才能删除数据，而 delete 语句可以正常删除数据。

任务实现

（一）操作条件

supermarket 数据库已经建好，并且已经创建好七个数据表，每个表中都有完整的数据。

（二）安全及注意事项

（1）注意任务要求中提出的删除数据要求，输入语句时不要弄错 delete 语句是否需要设置条件。

（2）慎重使用 truncate 语句，数据一旦删除，无法恢复。

视 频

删除表中数据

（三）操作过程

（1）删除用户信息表（users）中用户姓名（username）为“张小红”的用户信息。

根据任务要求，此时删除的是表中部分数据，条件是 username=' 张小红 '，完整的删除语句为：

```
delete from users where username=' 张小红 ';
```

执行成功后显示图 2-4-1 所示的信息。

```
mysql> delete from users where username='张小红';
Query OK, 1 row affected (0.00 sec)
```

图 2-4-1 成功执行带条件的 delete 语句

（2）删除用户信息表（users）中全部用户信息。

① 使用 delete 语句：

```
delete from users;
```

执行成功后显示图 2-4-2 所示信息。

```
mysql> delete from users;
Query OK, 8 rows affected (0.00 sec)
```

图 2-4-2　成功执行无条件 delete 语句

② 使用 truncate 语句：

```
truncate table users;
```

执行成功后显示图 2-4-3 所示信息。

```
mysql> truncate table users;
Query OK, 0 rows affected (0.00 sec)
```

图 2-4-3　成功执行 truncate 语句

学习结果评价

序号	评价内容	评价标准	评价结果（是 / 否）
1	知识与技能	正确完成删除表中部分数据的任务	□是　□否
		正确完成删除表中全部数据的任务	□是　□否
2	职业规范	输入命令是否注意大小写	□是　□否
		是否在删除数据前后做对比	□是　□否
3	总　评	“是”与“否”在本次评价中所占百分比	“是”占________% “否”占________%

任务 2-5　实践训练——数据表的操作

实训目的

1. 学会使用 SQL 语句创建表，修改表的定义。
2. 学会使用 SQL 语句对表中数据进行增删改操作。

实训准备

1. 数据库 pxbgl 已经创建好，数据库中七个数据表也已经创建并包含完整数据。
2. 认真阅读实训内容，学习实训所需知识和技能。

实训任务

（一）数据表定义操作

使用 SQL 语句完成以下五个数据表定义任务。

1. 在 pxbgl 数据库中结合交费表的内容，创建一个表示欠费统计的名为 arrears 的数据表，表结构如图 2-5-1 所示，在建表后将 arrears 表的名称更改为 arrearage。

Field	Type	Null	Key	Default	Extra
student_id	int(11)	NO		NULL	
arrears_total	float	NO		NULL	

图 2-5-1　欠费表 arrears

2. 将 pxbgl 数据库中 class_info 表中的 inclass 字段名称更改为 ifinclass，数据类型仍然为原来的 50 位可变长字符型，不能为空。

3. 将 class_info 表中的 ifinclass 字段的数据类型更改为 2 位定长字符型，不能为空。

4. 向 student_info 表中增加一个存储学员年龄的字段 sage，数据类型为 tinyint，允许为空。

5. 删除 student_info 表中的 sage 字段。

（二）表中数据操作

使用 SQL 完成以下 10 个数据的增加、修改、删除操作任务。

1. 向 pxbgl 数据库的 student_info 表中添加如下记录：

```
4,杨修,男,82341111,无锡崇安区,学生证,123454,2010-09-03 00:00:00,正常,11月要参加比赛
```

分别对应表中的字段：

```
student_id,student_name,sex,telephone,address,IDtype,IDnumber,entrance_
time,status,memo
```

此时字段的顺序和个数与建表时的字段顺序和个数完全一致。

2. 向 pxbgl 数据库的 class_info 表中添加如下记录：

```
1,1,1,101教室,2020-09-05 13:00:00,是
```

分别对应表中的字段：

```
id,student_id,course_id,classroom,classtime,ifinclass
```

3. 向 pxbgl 数据库的 student_info 表中添加如下记录：

```
1, 张林,女,85475825,无锡中桥,学生证,123456,2020-09-01 00:00:00, 正常
```

分别对应表中的字段：

```
student_id,student_name,sex,telephone,address,IDtype,IDnumber,entrance_
time,status
```

4. 向 pxbgl 数据库的 course_info 表中一次性添加 5 条记录，具体为：

```
6,WEB项目开发,64,300,2020-09-05 00:00:00,2020-12-01 00:00:00,16
7,Linux操作系统,48,300,2020-09-05 00:00:00,2020-12-01 00:00:00,16
8,Python语言,64,300,2020-09-05 00:00:00,2020-12-01 00:00:00,16
9,大数据分析,64,300,2020-09-05 00:00:00,2020-12-01 00:00:00,16
10,数据可视化,32,300,2020-09-05 00:00:00,2020-12-01 00:00:00,16
```

分别对应表中的字段：

```
course_id,course_name,perior,tuition,start_time,end_time,enabled_times
```

5. 修改 pxbgl 数据库中的课程信息表（course_info），将课程编号（course_id）为 5 的课程名（course_name）改成“数据库设计与应用”。

6. 修改 pxbgl 数据库中的选课信息表（course_selection），将编号（id）为 5 的选课信息中的选课编号（course_id）修改为 9，选课名称（course_name）修改为“大数据分析”。

7. 修改 pxbgl 数据库中的学员信息表（student_info），将所有学员电话（telephone）号码前添加区号“0510”。

8. 删除 pxbgl 数据库中的课程信息表（course_info）中课程名（course_name）为“网页制作”的课程信息。

9. 使用 delete 语句删除 pxbgl 数据库中选课信息表（course_selection）的全部选课信息。

10. 使用 truncate 语句删除 pxbgl 数据库中学员信息表（student_info）的所有学员信息。

实训提示

（一）数据表定义操作

1. 将 pxbgl 数据库中的 arrears 表的名称更改为 arrearage。

输入命令：

```
alter table arrears rename to arrearage;
```

2. 将 pxbgl 数据库中的 class_info 表中的 inclass 字段名称更改为 ifinclass，数据类型仍然为原来的 50 位可变长字符型，不能为空。

输入命令：

```
alter table class_info change inclass ifinclass varchar(50) not null;
```

3. 将题目 2 中的 ifinclass 字段的数据类型更改为 2 位定长字符型，不能为空。

输入命令：

```
alter table class_info modify ifinclass char(2) not null;
```

4. 向 pxbgl 数据库中的 student_info 表增加一个存储学员年龄的字段 sage，数据类型为 tinyint，允许为空。

输入命令：

```
alter table student_info add sage tinyint;
```

5. 删除题目 4 中新增加的 sage 字段。

输入命令：

```
alter table student_info drop sage;
```

（二）表中数据操作

1. 向 pxbgl 数据库的 student_info 表中添加数据，字段的顺序和个数与建表时的字段顺序和个数完全一致。可使用如下命令：

```
    insert into student_info values(4,'杨修','男','82341111','无锡崇安区','学生证',
'123454','2010-09-03 00:00:00','正常','11月要参加比赛');
```

2. 向 pxbgl 数据库的 class_info 表中添加指定对应字段的数据，可使用如下命令：

```
    insert into class_info(id,student_id,course_id,classroom,classtime,ifinclass)
    values(1,1,1,'101教室','2020-09-05 13:00:00','是');
```

3. 向 pxbgl 数据库的 student_info 表中添加记录，可参见前面两个任务，提示输入命令：

```
    insert into student_info(student_id,student_name,sex,telephone,address,IDtype,
IDnumber,entrance_time,status)
    values(1,'张林','女','85475825','无锡中桥','学生证','123456','2020-09-01 00:00:00',
'正常');
```

4. 向 pxbgl 数据库的 course_info 表中一次性添加多条记录，提示输入命令：

```
    insert into course_info(course_id,course_name,perior,tuition,start_time,end_
time,enabled_times) values
    (6,'WEB项目开发',64,300,'2020-09-05 00:00:00','2020-12-01 00:00:00',16) ,
    (7,'Linux操作系统',48,300,'2020-09-05 00:00:00','2020-12-01 00:00:00',16),
    (8,'Python语言',64,300,'2020-09-05 00:00:00','2020-12-01 00:00:00',16),
    (9,'大数据分析',64,300,'2020-09-05 00:00:00','2020-12-01 00:00:00',16),
    (10,'数据可视化',32,300,'2020-09-05 00:00:00','2020-12-01 00:00:00',16);
```

5. 修改 pxbgl 数据库中的课程信息表（course_info），修改指定编号的课程名，提示输入命令：

```
    update course_info set course_name='数据库设计与应用' where course_id=5;
```

6. 修改 pxbgl 数据库中的选课信息表（course_selection），一次性修改不只一个字段的内容，提示输入命令：

```
    update course_selection set course_id=9,course_name='大数据分析' where id='5';
```

7. 修改 pxbgl 数据库中的学员信息表（student_info），无条件地修改数据，提示输入命令：

```
    update student_info set telephone=concat('0510',telephone);
```

8. 删除 pxbgl 数据库中的课程信息表（course_info）中指定条件的数据，提示输入命令：

```
    delete from course_info where course_name='网页制作';
```

9. 使用 delete 语句删除 pxbgl 数据库中的选课信息表（course_selection）的全部选课信息，提示输入命令：

```
delete from course_selection;
```

10. 使用 truncate 语句删除 pxbgl 数据库中学员信息表（student_info）的所有学员信息，提示输入命令：

```
truncate table student_info;
```

实训报告要求：

1. 结合实训提示，将实训过程中进行的各项工作和步骤记录在实训报告上。
2. 将实训过程中遇到的问题记录下来，结合具体的操作撰写实训心得体会。

实训结果评价

序号	评价内容	评价标准	评价结果（是 / 否）	
1	知识与技能	成功按照要求使用 alter table 命令修改 pxbgl 数据库中相关表的定义	□是	□否
		成功按照要求使用 insert 命令向指定表中添加数据	□是	□否
		成功按照要求使用 update 命令修改指定表中数据	□是	□否
		成功按照要求使用 delete 命令删除指定表中指定的数据	□是	□否
		成功按照要求使用 truncate 命令删除指定表中所有数据	□是	□否
2	职业规范	命令中大小写统一	□是	□否
		文档格式规范	□是	□否
3	总　评	“是”与“否”在本次评价中所占百分比	“是”占________% “否”占________%	

工作任务 3 查询单个数据表

学习目标

（1）能按要求使用 select 语句查询单个数据表中的所有字段或指定字段。

（2）能在 select 语句中正确使用运算符、使用条件子句以及不同的关键字进行查询。

（3）能正确使用聚合函数、分组子句等内容进行高级查询。

（4）能正确使用表别名、列别名进行查询。

素质目标

（1）通过复习数据库相关知识和操作技能以及线上同名课程的预习，培养借助网络平台搜索信息、学习新知识的能力。

（2）通过对查询语句知识和技能的学习，有意识培养团队协作精神和分析工作任务能力。

（3）通过学习新知识新技能时的反复练习和训练，培养工匠精神。

最终目标

能根据任务要求熟练地针对单个数据表进行查询。

任务 3-1 认识 select 语句

任务描述

根据 select 语句的语法格式和操作要求完成从单个数据表中简单地查询数据。

基础知识

（1）select 语句的基本语法格式是：

```
select [distinct] *|{column1,column2,……}
from {tablename}
```

```
[where condition expression1]
[group by columnname [having condition expression2]]
[order by columnname [asc|desc]]
[limit [offset,] row count];
```

格式说明：

① select 语句可以从数据表中读取一条或者多条记录。

② select 语句使用星号（*）返回表的所有字段数据，这个星号称为通配符。

③ distinct 是可选参数，用于剔除查询结果中重复的数据。

④ from 子句表示从指定的数据表中查询数据。

⑤ where 子句是可选项，用于指定查询的条件。

⑥ group by 子句是可选项，用于将查询结果按照指定的字段进行分组，having 子句只用于 group by 子句中，是可选项，用于对分组后的结果进行过滤。

⑦ order by 子句是可选项，用于将查询结果按照指定字段进行排序，排序方式由参数 asc 或 desc 控制，其中 asc 表示按升序进行排列，desc 表示按降序进行排列。如果不指定参数，默认按升序排列。

⑧ limit 子句是可选项，用于限制查询结果的数量，limit 后面可以跟两个参数，其中 offset 参数是可选的，必须是非负整数，用来指定 select 语句开始查询的数据偏移量，默认情况下偏移量为 0，表示从查询结果的第一条记录开始计数，依此类推。row count 参数是必选的，必须是非负整数，表示返回查询记录的条数。为明确表示偏移量和返回记录数，limit 子句还可以写成：limit row count OFFSET offset，即使用 OFFSET 关键字明确 offset 参数是偏移量。

（2）作为查询语句，select 语句中的 from 子句是必需的，但是 select 语句可以没有 from 子句，此时，select 语句可用来做些简单的测试或是计算工作。

例如：使用 select 8*7; 进行计算，执行后可得到图 3-1-1 所示结果。

```
mysql> select 8*7;
+-----+
| 8*7 |
+-----+
|  56 |
+-----+
1 row in set (0.00 sec)
```

图 3-1-1　无 from 子句的 select 语句做计算

任务实现

（一）操作条件

supermarket 数据库以及数据库内的七个数据表都已经创建好，并且每个数据表中都有完整的数据。

（二）安全及注意事项

注意任务要求中提出的数据查询要求，输入语句时不要弄错 select 语句的 select 子句和 from 子句。

视频

基本查询

（三）操作过程

（1）查询 supermarket 数据库中商品信息表（merchinfo）中所有商品信息。

参考 select 语句的语法格式，可以使用如下语句查看商品信息表中所有商品信息。

```
use supermarket;
select * from merchinfo;
```

此时使用 * 表示 merchinfo 表中所有字段。当然，如果知道表中所有字段的名称，也可以使用如下语句完成相同的查询。

```
select Merchid,Merchname,merchprice,Spec,Merchnum,Cautionnum,Plannum,Provideid
from merchinfo;
```

也就是说，列出所有字段名称和使用通配符 * 都可以查询表中所有字段数据信息。

查询结果如图 3-1-2 所示。

```
mysql> select * from merchinfo;
+------------+------------+------------+-----------+----------+------------+---------+------------+
| Merchid    | Merchname  | merchprice | Spec      | Merchnum | Cautionnum | Plannum | Provideid  |
+------------+------------+------------+-----------+----------+------------+---------+------------+
| S690180880 | 杏仁露     |        3.5 | 12厅/箱   |       50 |          2 |      50 | G200312103 |
| S800312101 | QQ糖       |         12 | 10粒/袋   |      500 |         10 |     100 | G200312105 |
| S800313106 | 西红柿     |       22.4 | 30个/箱   |       50 |          5 |      20 | G200312102 |
| S800408101 | 方便面     |         29 | 20袋/箱   |       50 |          5 |      30 | G200312101 |
| S800408308 | 白糖       |          2 | 1斤/袋    |      100 |         10 |      50 | G200312102 |
| S800408309 | 胡萝卜     |        2.5 | 20斤/箱   |       20 |          1 |      15 | G200312103 |
| S700120101 | 提子饼干   |        7.8 | 200克     |       25 |          3 |      20 | G200312302 |
| S700120102 | 老面包     |          5 | 300克     |       30 |          5 |      50 | G200312302 |
| S700120103 | 抹茶西饼   |         20 | 300克     |       50 |          5 |      50 | G200312302 |
+------------+------------+------------+-----------+----------+------------+---------+------------+
9 rows in set (0.30 sec)
```

图 3-1-2　查询商品信息表中所有商品信息

（2）查询 supermarket 数据库中商品信息表（merchinfo）中所有商品的商品编号（Merchid）、商品名称（Merchname）和商品价格（merchprice）。

参考 select 语句的语法格式，可以使用如下语句完成查询。

```
select Merchid,Merchname,merchprice
from merchinfo;
```

此处，必须根据任务要求列出要查询的字段名称，语句执行结果如图 3-1-3 所示。

```
mysql> select Merchid,Merchname,merchprice from merchinfo;
+------------+------------+------------+
| Merchid    | Merchname  | merchprice |
+------------+------------+------------+
| S690180880 | 杏仁露     |        3.5 |
| S800312101 | QQ糖       |         12 |
| S800313106 | 西红柿     |       22.4 |
| S800408101 | 方便面     |         29 |
| S800408308 | 白糖       |          2 |
| S800408309 | 胡萝卜     |        2.5 |
| S700120101 | 提子饼干   |        7.8 |
| S700120102 | 老面包     |          5 |
+------------+------------+------------+
8 rows in set (0.00 sec)
```

图 3-1-3　查询部分字段数据的查询语句执行结果

（3）查询 supermarket 数据库中商品信息表（merchinfo）中供应商编码。

根据所学内容，可以使用如下语句完成查询。

```
select provideid
from merchinfo;
```

得到图 3-1-4 左图所示的查询结果。

从图 3-1-4 左图中可以看到，框线中的内容是有重复值的，这对于查询结果来说是没有意义的，为此，在 select 子句中要使用 distinct 关键字去掉查询结果中的重复值。所以上述语句要修改为：

```
select distinct provideid
from merchinfo;
```

从而得到图 3-1-4 右图所示的查询结果。

```
mysql> select provideid
    -> from merchinfo;
+------------+
| provideid  |
+------------+
| G200312103 |
| G200312105 |
| G200312102 |
| G200312101 |
| G200312102 |
| G200312103 |
| G200312302 |
| G200312302 |
+------------+
8 rows in set (0.00 sec)
```

```
mysql> select distinct provideid
    -> from merchinfo;
+------------+
| provideid  |
+------------+
| G200312103 |
| G200312105 |
| G200312102 |
| G200312101 |
| G200312302 |
+------------+
5 rows in set (0.00 sec)
```

图 3-1-4　查询供应商编码语句执行结果（左图是有重复值的，右图是去掉重复值的）

（4）查询 supermarket 数据库中商品信息表（merchinfo）的前 3 行数据。

参考 select 语句的语法格式可知，查询数据表前 3 行数据应该使用 limit 子句，而且此时只要求查询前 3 行，没有说明偏移量，即默认情况偏移量为 0，可不写，则查询语句如下：

```
select * from merchinfo
limit 3;
```

查询结果如图 3-1-5 所示。

```
mysql> select * from merchinfo
    -> limit 3;
+------------+-----------+------------+-----------+----------+------------+---------+------------+
| Merchid    | Merchname | merchprice | Spec      | Merchnum | Cautionnum | Plannum | Provideid  |
+------------+-----------+------------+-----------+----------+------------+---------+------------+
| S690180880 | 杏仁露    |        3.5 | 12厅/箱   |       50 |          2 |      50 | G200312103 |
| S800312101 | QQ糖      |         12 | 10粒/袋   |      500 |         10 |     100 | G200312105 |
| S800313106 | 西红柿    |       22.4 | 30个/箱   |       50 |          5 |      20 | G200312102 |
+------------+-----------+------------+-----------+----------+------------+---------+------------+
3 rows in set (0.00 sec)
```

图 3-1-5　查询商品信息表前 3 行数据

如果任务要求查询数据表中从第 2 行开始的 3 行数据，此时偏移量就不是 0 了，必须要在 limit 子句中写清楚偏移量，从第 2 行开始，则偏移量为 1，查询语句就变为：

```
select * from merchinfo
limit 1,3;
```

也可写成：

```
select * from merchinfo
limit 3 OFFSET 1;
```

查询结果如图 3-1-6 所示。

```
+-----------+----------+------------+----------+----------+-------------+----------+------------+
| Merchid   | Merchname | merchprice | Spec     | Merchnum | Cautionnum | Plannum | Provideid  |
+-----------+----------+------------+----------+----------+-------------+----------+------------+
| S800312101 | QQ糖     |         12 | 10粒/袋  |      500 |          10 |      100 | G200312105 |
| S800313106 | 西红柿   |       22.4 | 30个/箱  |       50 |           5 |       20 | G200312102 |
| S800408101 | 方便面   |         29 | 20袋/箱  |       50 |           5 |       30 | G200312101 |
+-----------+----------+------------+----------+----------+-------------+----------+------------+
3 rows in set (0.01 sec)
```

图 3-1-6　查询商品信息表第 2 行开始的 3 行数据

学习结果评价

序号	评价内容	评价标准	评价结果（是 / 否）
1	知识与技能	正确查询指定表中所有字段内容	□是　□否
		正确查询指定表中指定字段内容	□是　□否
		正确查询指定表中指定字段内容，并去除查询结果中的重复值	□是　□否
		正确查询指定表指定行数的数据	□是　□否
2	职业规范	输入命令是否注意大小写	□是　□否
		是否认真核实查询语句格式和要求	□是　□否
3	总　评	“是”与“否”在本次评价中所占百分比	“是”占______% “否”占______%

任务 3-2　按条件查询

任务描述

能根据要求正确设置 where 子句的查询条件，并按照条件从单个数据表中查询数据。

基础知识

（1）数据库中的数据量大，很多时候查询是需要获取指定的数据，或对查询的数据进行重新排列，此时就需要指定查询条件对查询结果进行过滤，在 select 语句中使用 where 子句确定查询条件。用于表达查询条件的式子称为查询条件表达式，查询条件表达式需要使用运算符将字段、常量和变量等连接起来，常用的运算符见表 3-2-1。

表 3-2-1　查询条件表达式的运算符

运算符分类	运　算　符	说　　明
关系运算符	=、<>、<、<=、>、>=、!=	“<>” 和 “!=” 都表示不等于
逻辑运算符	AND、OR 和 NOT	AND 连接两个或两个以上的条件，且只在所有条件都是真时才返回真；OR 也连接两个或两个以上的条件，但它只要任意一个条件是真时就返回真； NOT 逻辑运算符表示否定一个表达式
范围运算符	BETWEEN …AND NOT BETWEEN … AND	判断字段的值是否在指定范围内，BETWEEN…AND 包括边界值，NOT BETWEEN…AND 不包括边界值
列表运算符	IN、NOT IN	判断字段的值是否是列表中的指定值
模糊匹配运算符	LIKE、NOT LIKE、RLIKE、NOT RLIKE、REGEXP、NOT REGEXP	判断字段的值是否与指定的字符通配格式相符
空值判断运算符	IS NULL、IS NOT NULL	判断字段的值是否为空值（NULL）

（2）关系运算符又称比较运算符，是用来比较运算符两侧数据的大小，其中“<>”运算符和“!=”运算符等价，表示不等于。关系运算表达式的结果只有真（1）和假（0）两种。

（3）模糊匹配运算符用于字符型数据是否符合要求的判断，常常要与通配符或正则表达式结合使用，常用的通配符见表 3-2-2。通配符 % 和 _ 一般与运算符 LIKE 结合使用，其中 [] 和 [^] 是正则模糊匹配，此时模糊匹配的运算符要使用 RLKE 或 REGEXP，并且需要使用一些参数表示特殊的意义，最为常用的是表示匹配字符串开始位置的 ^ 和表示匹配字符串结束位置的 $，这两个参数放在 [] 外面，如 ^[]，[]$。模糊匹配表达式的结果只有真（1）和假（0）两种。

表 3-2-2　常用通配符

通　配　符	含　　义	示　　例
%	任意多个字符，可以是 0 个	'A%' 表示以字母 A 开头的任意字符串
_	单个字符	'A_' 表示以字母 A 开头的长度为 2 的字符串
[]	指定范围内的单个字符	'A[m-p]' 表示第 1 个字符是字母 A，第 2 个字符是 m、n、o、p 中的一个字母的字符串
[^]	不在指定范围内的单个字符	'A[^m-p]' 表示第 1 个字符是字母 A，第 2 个字符是除了 m、n、o、p 以外的任意字符的字符串

任务实现

（一）操作条件

supermarket 数据库以及数据库内的七个数据表都已经创建好，并且每个数据表中都有完整的数据。

（二）安全及注意事项

注意任务要求中提出的数据查询要求，输入语句时不要弄错 where 子句中相关运算符的使用方法。

（三）操作过程

1. 关系运算符的使用

视 频

关系和逻辑查询

任务 3-2-1：查询销售表（sale）中所有用户编码（userid）为“2011010330”的销售信息记录。

任务要求查询的是 sale 表中的销售信息记录，没有说具体是什么字段的内容，所以 select 子句中应该是包含所有字段，可使用全部字段名，也可使用 * 代表所有字段，具体查询可使用如下语句：

```
select saleid,Merchid,Saledate,Salenum,Saleprice,userid
from sale where userid='2011010330';
```

或

```
select * from sale where userid='2011010330';
```

查询结果如图 3-2-1 所示。

```
mysql> select saleid,Merchid,Saledate,Salenum,Saleprice,userid
    -> from sale
    -> where userid='2011010330';
+--------+------------+---------------------+---------+-----------+------------+
| saleid | Merchid    | Saledate            | Salenum | Saleprice | userid     |
+--------+------------+---------------------+---------+-----------+------------+
|      1 | S800408101 | 2011-01-04 00:00:00 |       1 |        25 | 2011010330 |
|      2 | S800312101 | 2011-01-04 00:00:00 |       1 |        12 | 2011010330 |
|      7 | S693648936 | 2011-01-31 00:00:00 |       2 |       175 | 2011010330 |
|     12 | S693648936 | 2011-01-25 00:00:00 |       1 |      87.5 | 2011010330 |
|     13 | S693648936 | 2011-01-25 00:00:00 |       1 |      87.5 | 2011010330 |
|     14 | S800408101 | 2021-01-04 00:00:00 |       2 |        50 | 2011010330 |
|     15 | S800312101 | 2021-01-04 00:00:00 |       2 |        24 | 2011010330 |
+--------+------------+---------------------+---------+-----------+------------+
7 rows in set (0.00 sec)
```

图 3-2-1　使用“=”关系运算符查询结果

任务 3-2-2：查询销售表（sale）中所有销售金额（saleprice）大于 20 元的销售信息记录的销售编号（saleid）、商品编号（merchid）和销售金额（saleprice）。

任务要求查询的条件是 saleprice 大于 20 元，则需要使用关系运算符“>”，同时，任务要求查询具体的销售编号、商品编号和销售金额，所以实现语句为：

```
select saleid,merchid,saleprice
from sale
where saleprice>20;
```

查询结果如图 3-2-2 所示。

```
mysql> select saleid,merchid,saleprice
    -> from sale
    -> where saleprice>20;
+--------+------------+-----------+
| saleid | merchid    | saleprice |
+--------+------------+-----------+
|      1 | S800408101 |        25 |
|      4 | S693648936 |       175 |
|      5 | S800408101 |        25 |
|      6 | S693648936 |      87.5 |
|      7 | S693648936 |       175 |
|      8 | S693648936 |      87.5 |
|     10 | S693648936 |       175 |
|     11 | S800408101 |        25 |
|     12 | S693648936 |      87.5 |
|     13 | S693648936 |      87.5 |
|     14 | S800408101 |        50 |
|     15 | S800312101 |        24 |
|     17 | S693648936 |       175 |
+--------+------------+-----------+
13 rows in set (0.00 sec)
```

图 3-2-2　使用“>”关系运算符查询结果

任务 3-2-3：查询商品信息表（merchinfo）中所有不是由供应商编号（Provideid）为“G200312103”的供应商提供的商品信息，查询结果列出商品编号（Merchid）、商品名称（Merchname）和商品价格（merchprice）。

根据任务要求可知查询条件是供应商编号不等于“G200312103”，可使用如下语句完成查询：

```
select Merchid,Merchname,merchprice
from merchinfo
where Provideid <>'G200312103';
```

查询结果如图 3-2-3 所示。

```
mysql> select Merchid,Merchname,merchprice
    -> from merchinfo
    -> where Provideid<>'G200312103';
+------------+--------------+------------+
| Merchid    | Merchname    | merchprice |
+------------+--------------+------------+
| S800312101 | QQ糖         |         12 |
| S800313106 | 西红柿       |       22.4 |
| S800408101 | 方便面       |         29 |
| S800408308 | 白糖         |          2 |
| S700120101 | 提子饼干     |        7.8 |
| S700120102 | 老面包       |          5 |
+------------+--------------+------------+
6 rows in set (0.00 sec)
```

图 3-2-3　使用“<>”关系运算符查询结果

结合表 3-2-1 所示内容，此查询的条件表达式还可写成：where Provideid!='G200312103'，查询结果不变。

2. 逻辑运算符的使用

任务 3-2-4：查询商品信息表（merchinfo）中所有商品价格（merchprice）在 5 元（含 5 元）到

20 元（含 20 元）之间的商品信息，查询结果列出商品编号（Merchid）、商品名称（Merchname）、商品价格（merchprice）和供应商编号（provideid）。

任务要求商品价格在 5 元到 20 元之间，也就是要求商品价格是大于或等于 5 元，同时小于或等于 20 元，根据表 3-2-1 中逻辑运算符的描述，此时可以使用 AND 运算符将两个关系表达式 merchprice>=5 和 merchprice<=20 连接在一起表示，即 merchprice>=5 AND merchprice<=20，则完成此任务的查询语句可写成：

```
select Merchid,Merchname,merchprice,provideid
from merchinfo
where merchprice>=5 and merchprice<=20;
```

查询结果如图 3-2-4 所示。

```
mysql> select Merchid,Merchname,merchprice,provideid
    -> from merchinfo
    -> where merchprice>=5 and merchprice<=20;
+------------+--------------+------------+------------
| Merchid    | Merchname    | merchprice | provideid
+------------+--------------+------------+------------
| S800312101 | QQ糖         |         12 | G200312105
| S700120101 | 提子饼干     |        7.8 | G200312302
| S700120102 | 老面包       |          5 | G200312302
| S700120103 | 抹茶西饼     |         20 | G200312302
+------------+--------------+------------+------------
4 rows in set (0.00 sec)
```

图 3-2-4　使用 and 逻辑运算符查询结果

任务 3-2-5：查询会员信息表（member）中所有不是 2010 年注册的会员信息。

在 member 表中表示注册信息的字段是 regdate，2010 年注册可以使用 regdate>='2010-1-1' and regdate<='2010-12-31' 表示，任务要求查询不是 2010 年注册的会员信息，则条件表达式可以在表示 2010 年注册的表达式前添加表示否定的 NOT 逻辑运算符，即：NOT (regdate>='2010-1-1' and regdate<='2010-12-31')。查询语句为：

```
select * from member
where NOT(regdate>='2010-1-1' and regdate<='2010-12-31');
```

查询结果如图 3-2-5 所示。

```
mysql> select * from member
    -> where NOT (regdate>='2010-1-1' and regdate<='2010-12-31');
+------------+--------------------+-----------+---------------------+
| memberid   | membercard         | totalcost | regdate             |
+------------+--------------------+-----------+---------------------+
| 1002300011 | 6325320200295144   |    3050.8 | 2009-09-08 00:00:00 |
| 1002300012 | 6325320200295145   |      5030 | 2009-09-08 00:00:00 |
| 1002300013 | 6325320200295146   |   12305.9 | 2009-09-08 00:00:00 |
| 1002300014 | 6325320200295147   |      1240 | 2009-09-09 00:00:00 |
| 1002300022 | 6325320200295288   |     340.9 | 2011-05-01 00:00:00 |
| 1002300028 | 6325320200295298   |     340.9 | 2011-06-01 00:00:00 |
+------------+--------------------+-----------+---------------------+
6 rows in set (0.00 sec)
```

图 3-2-5　使用 not 逻辑运算符查询结果

3. 范围运算符的使用

视 频

范围查询

根据表 3-2-1 中关于范围运算符的描述可知，between…and 是包含边界值的，not between…and 不包含边界值，可达到与之前结合使用逻辑运算符和关系运算符相同的结果。

任务 3-2-4 还可以使用范围运算符来完成，查询语句如下：

```
select Merchid,Merchname,merchprice,provideid
from merchinfo
where merchprice between 5 and 20;
```

查询结果与图 3-2-4 相同。

任务 3-2-5 也可以使用范围运算符来完成，查询语句如下：

```
select * from member
where NOT regdate between '2010-1-1' and '2010-12-31';
```

查询结果与图 3-2-5 相同。

4. 列表运算符的使用

视 频

列表查询

列表运算符是用来判断某字段的值是否在指定的集合中，如果字段的值在集合中，则满足查询条件，否则，不满足。

任务 3-2-6：查询供应商信息表（provide）中编码（provideid）为 G200312101、G200312102、G200312103 的供应商信息。

根据任务要求可使用逻辑运算符 OR 连接三个关系运算表达式达到查询条件，即：provideid='G200312101' or provideid='G200312102' or provideid='G200312103'，使用列表运算符可以简化查询条件，即：provideid in('G200312101','G200312102','G200312103')，查询语句如下：

```
select *
from provide
where provideid in('G200312101','G200312102','G200312103');
```

结合使用逻辑运算符和关系运算符的查询语句如下：

```
select * from provide
where provideid='G200312101' or provideid='G200312102' or provideid=
'G200312103';
```

查询结果如图 3-2-6 所示。

provideid	providename	provideaddress	providephone
G200312101	长春食品厂	吉林省长春市岭东路	04317845954*
G200312102	朝阳食品有限公司	江苏省无锡市南长区	05108270378*
G200312103	黑龙江食品厂	黑龙江省哈尔滨市	04514516547*

3 rows in set (0.00 sec)

图 3-2-6　使用 in 列表运算符查询结果

5. 模糊匹配运算符 like 的使用

视 频

模糊查询

任务 3-2-7：查询供应商信息表（provide）中所有来自无锡的供应商信息。

来自无锡的供应商，也就是说供应商信息表（provide）中的供应商地址（provideaddress）字段应该出现“无锡”两个字，所以在设置查询条件时可写成：provideaddress like '% 无锡 %'，此处的“%”是专门用来表示模糊匹配的通配符，具体用法可参见表 3-2-2。查询语句如下：

```
select * from provide
where provideaddress like '% 无锡 %';
```

查询结果如图 3-2-7 所示。

```
+------------+--------------------+--------------------+--------------+
| provideid  | providename        | provideaddress     | providephone |
+------------+--------------------+--------------------+--------------+
| G200312102 | 朝阳食品有限公司   | 江苏省无锡市南长区 | 05108270378* |
| G200312105 | 正鑫食品有限公司   | 江苏省无锡市北塘区 | 05108261345* |
+------------+--------------------+--------------------+--------------+
2 rows in set (0.01 sec)
```

图 3-2-7　使用 like 模糊匹配运算符查询结果

如果供应商是来自无锡下属的县级市或是供应商地址没有写完整，在供应商地址中没有“无锡”两个字，还可以通过供应商电话判断，即供应商电话以“0510”开头的，也可认定为来自无锡的供应商。那么任务 3-2-7 的查询语句就应该写为：

```
select *
from provide
where provideaddress like '% 无锡 %' or providephone like '0510%';
```

此时查询结果如图 3-2-8 所示。

```
+------------+--------------------+--------------------+--------------+
| provideid  | providename        | provideaddress     | providephone |
+------------+--------------------+--------------------+--------------+
| G200312102 | 朝阳食品有限公司   | 江苏省无锡市南长区 | 05108270378* |
| G200312104 | 松原食品有限公司   | 江苏省江阴市       | 05105167809* |
| G200312105 | 正鑫食品有限公司   | 江苏省无锡市北塘区 | 05108261345* |
| G200312302 | 康元食品有限公司   | 江苏省             | 05101234543* |
+------------+--------------------+--------------------+--------------+
4 rows in set (0.00 sec)
```

图 3-2-8　完善查询条件的 like 运算符查询结果

任务 3-2-8：查询用户信息表（users）中姓“张”的用户名（Username）是两个字的用户信息，查询结果中列出用户编号（Userid）、用户姓名（Username）。

根据任务要求和表 3-2-2 中通配符的知识可知此任务的查询条件为：Username like ' 张 _'，查询语句为：

```
select Userid,Username
from users
where Username like ' 张 _';
```

查询结果如图 3-2-9 所示。

```
mysql> select Userid,Username
    -> from users
    -> where Username like '张_';
+------------+----------+
| Userid     | Username |
+------------+----------+
| 2011020348 | 张珊     |
+------------+----------+
1 row in set (0.00 sec)
```

图 3-2-9　任务 3-2-8 查询结果

视频

空值查询

6. 空值判断运算符的使用

查询供应商信息表（provide）中没有填写供应商地址（provideaddress）的供应商信息，查询结果中列出供应商编号（provideid）、供应商名称（proviename）和供应商电话（providephone）。

根据任务要求可知查询条件是供应商地址字段是空值，即：provideaddress is NULL，查询语句如下：

```
select provideid,providename,providephone from provide
where provideaddress is NULL;
```

查询结果如图 3-2-10 所示。

```
mysql> select provideid,providename,providephone
    -> from provide where provideaddress is NULL;
+------------+------------------------------+--------------+
| provideid  | providename                  | providephone |
+------------+------------------------------+--------------+
| G200312305 | 富胜贸易有限公司             | 07692307767* |
| G202105231 | 北京美时乐食品有限公司       | 010-8666123* |
+------------+------------------------------+--------------+
2 rows in set (0.00 sec)
```

图 3-2-10　使用空值判断运算符查询结果

问题思考一：空值判断运算符用来判断某字段的值是否为空，能不能使用关系运算符“=”代替？

从语法角度说，查询语句中使用关系运算符“=”和使用空值判断运算符都不会报错，但是查询结果不同，如果使用关系运算符“=”会将 NULL 看成是字符串处理，而不是空值。

问题思考二：模糊匹配运算符能不能使用关系运算符“=”代替？

从语法角度说，条件子句中将通配符构成的表达式使用“=”进行条件判断，是不会报错的，但是查询结果完全不同，关系运算符“=”只有在运算符两侧的内容完全相同时返回真，否则返回假。模糊匹配运算符 like 只要运算符左侧的内容满足右侧的模式就可以返回真。

问题思考三：%、_ 等通配符作为查询条件中的普通字符如何使用？

这时候需要使用转义字符，即使用“\”对“%”、“_”等进行转义，如“\%”就表示百分号 %，而不是通配符了。

学习结果评价

序号	评价内容	评价标准	评价结果（是 / 否）
1	知识与技能	按要求正确使用相关运算符	□是　□否
		按要求正确使用字段名列表	□是　□否
		按要求正确使用 *	□是　□否
		按要求正确区分关系运算符和空值判断运算符的使用	□是　□否
		按要求正确区分关系运算符和模糊匹配运算符的使用	□是　□否
2	职业规范	输入命令是否注意大小写	□是　□否
		是否在查询前后对比条件表达式的使用情况	□是　□否
3	总　评	“是”与“否”在本次评价中所占百分比	“是”占_______% “否”占_______%

任务 3-3　数据统计

任务描述

能按要求使用 SELECT 语句的相关子句和聚合函数正确地进行数据统计。

基础知识

（1）默认情况下，查询结果是按照最初添加到数据表中的记录顺序排列的，这样的查询结果可能不能满足用户的需求，此时需要使用 ORDER BY 子句对查询结果进行排序。ORDER BY 子句后面可以跟多个字段，每个字段后都需要设置排序顺序，默认排序顺序是升序，ASC 关键字可以省略，如果需要按降序排序，则必须使用 DESC 关键字。

（2）MySQL 提供了对数据进行分析、统计的聚合函数，常用的聚合函数见表 3-3-1。

表 3-3-1　常用的聚合函数

函 数 名	功　能
SUM()	返回表达式中所有值的和，必须是数值型数据
AVG()	返回表达式中所有值的平均值，必须是数值型数据
MAX()	返回表达式中所有值的最大值，可以是任意数据类型
MIN()	返回表达式中所有值的最小值，可以是任意数据类型
COUNT()	用于统计表的行数或是表中某字段的行数

聚合函数往往要与 GROUP BY 子句结合使用，具体规则是：在使用聚合函数进行数据计算、统计时，SELECT 子句中包含的字段要么出现在聚合函数中，要么出现在 GROUP BY 子句中。GROUP BY 子句表示分组，分组依据的字段可以不只一个，只要是没出现在聚合函数中的

SELECT 子句的其余字段都应该出现在 GROUP BY 子句中。

（3）HAVING 子句只用在使用 GROUP BY 子句对查询结果分组后设置筛选条件，即对满足查询条件的结果分组后进一步筛选符合条件的组。换言之，HAVING 子句只有在 GROUP BY 子句出现时才可能出现，如果没有 GROUP BY 子句，是不会用到 HAVING 子句的。

（4）HAVING 子句中的条件设置方式与 WHERE 子句中相似但不相同，二者的主要区别在于 HAVING 子句中可以出现聚合函数，但 WHERE 子句中不可以。

（5）在查询数据表时，为更直观地显示查询结果，可以在查询语句的 SELECT 子句中为字段取别名，具体格式为：

```
SELECT 字段名 [AS] 别名,…
```

其中，AS 是可选项，可以写，也可以省略不写。

为字段取别名还可以用在使用聚合函数或其他计算方式进行查询时。

（6）如果 COUNT() 函数的括号中是具体的字段名，返回的值与 COUNT(*) 返回的值可能会不同，具体主要取决于函数包含的字段值是否有空值，COUNT(column name) 只返回该字段非空的行数。COUNT(*) 返回的是表的全部行数。

（7）在查询操作时，如果表名很长，使用起来不太方便，可以使用给表取别名的方式简化查询语句中的表名的使用，即在查询语句中使用表的别名代替表的名称，具体格式为：

```
SELECT 字段名|* FROM 表名 [AS] 别名;
```

其中，AS 是可选项，可以写，也可以省略不写。

任务实现

（一）操作条件

supermarket 数据库以及数据库内的七个数据表都已经创建好，并且每个数据表中都有完整的数据。

视 频

查询结果排序

（二）安全及注意事项

（1）注意任务要求中提出的数据查询要求，输入语句时不要弄错各子句的使用方法。

（2）注意任务要求使用的聚合函数的使用方法。

（三）操作过程

（1）查询销售信息表（sale）中所有销售信息，并将查询结果按照销售日期（saledate）从前到后的顺序排序。

任务要求按照销售日期从前到后的顺序排序表示 ORDER BY 子句后面跟随销售日期（saledate）一个字段，且按升序排序，即 ORDER BY saledate ASC，其中 ASC 可省略不写，则任务要求的查询语句为：

```
select *
from sale
```

```
order by saledate asc;
```

查询结果如图 3-3-1 所示。

```
mysql> select * from sale order by saledate asc;
+--------+------------+---------------------+---------+-----------+------------
| saleid | Merchid    | Saledate            | Salenum | Saleprice | userid
+--------+------------+---------------------+---------+-----------+------------
|      2 | S800312101 | 2011-01-04 00:00:00 |       1 |        12 | 2011010330
|      1 | S800408101 | 2011-01-04 00:00:00 |       1 |        25 | 2011010330
|      3 | S800408308 | 2011-01-06 00:00:00 |       2 |         4 | 2011010331
|     13 | S693648936 | 2011-01-25 00:00:00 |       1 |      87.5 | 2011010330
|     12 | S693648936 | 2011-01-25 00:00:00 |       1 |      87.5 | 2011010330
|      4 | S693648936 | 2011-01-30 00:00:00 |       2 |       175 | 2011010332
|      5 | S800408101 | 2011-01-30 00:00:00 |       1 |        25 | 2011010332
|      6 | S693648936 | 2011-01-31 00:00:00 |       1 |      87.5 | 2011010333
|      7 | S693648936 | 2011-01-31 00:00:00 |       2 |       175 | 2011010330
|      9 | S800408308 | 2011-02-10 00:00:00 |       5 |        10 | 2011010331
|      8 | S693648936 | 2011-02-10 00:00:00 |       1 |      87.5 | 2011010331
|     11 | S800408101 | 2011-02-19 00:00:00 |       1 |        25 | 2011010333
|     10 | S693648936 | 2011-02-19 00:00:00 |       2 |       175 | 2011010333
|     14 | S800408101 | 2021-01-04 00:00:00 |       2 |        50 | 2011010330
|     15 | S800312101 | 2021-01-04 00:00:00 |       2 |        24 | 2011010330
|     16 | S800408308 | 2021-01-06 00:00:00 |       3 |         6 | 2011010331
|     17 | S693648936 | 2021-01-30 00:00:00 |       2 |       175 | 2011010332
+--------+------------+---------------------+---------+-----------+------------
17 rows in set (0.00 sec)
```

图 3-3-1　查询结果按单个字段升序排序

（2）查询销售信息表（sale）中所有销售信息，并将查询结果按照销售价格（saleprice）从高到低、按照销售日期（saledate）从前到后的顺序排序。

根据任务要求可知 ORDER BY 子句后面要跟随两个字段 saleprice 和 saledate，其中前者是降序，后者是升序，即 ORDER BY saleprice DESC,saledate ASC，则任务要求的查询语句为：

```
select * from sale
order by saleprice desc,saledate asc;
```

查询结果如图 3-3-2 所示。

```
mysql> select * from sale
    -> order by saleprice desc,saledate asc;
+--------+------------+---------------------+---------+-----------+------------+
| saleid | Merchid    | Saledate            | Salenum | Saleprice | userid     |
+--------+------------+---------------------+---------+-----------+------------+
|      4 | S693648936 | 2011-01-30 00:00:00 |       2 |       175 | 2011010332 |
|      7 | S693648936 | 2011-01-31 00:00:00 |       2 |       175 | 2011010330 |
|     10 | S693648936 | 2011-02-19 00:00:00 |       2 |       175 | 2011010333 |
|     17 | S693648936 | 2021-01-30 00:00:00 |       2 |       175 | 2011010332 |
|     12 | S693648936 | 2011-01-25 00:00:00 |       1 |      87.5 | 2011010330 |
|     13 | S693648936 | 2011-01-25 00:00:00 |       1 |      87.5 | 2011010330 |
|      6 | S693648936 | 2011-01-31 00:00:00 |       1 |      87.5 | 2011010333 |
|      8 | S693648936 | 2011-02-10 00:00:00 |       1 |      87.5 | 2011010331 |
|     14 | S800408101 | 2021-01-04 00:00:00 |       2 |        50 | 2011010330 |
|      1 | S800408101 | 2011-01-04 00:00:00 |       1 |        25 | 2011010330 |
|      5 | S800408101 | 2011-01-30 00:00:00 |       1 |        25 | 2011010332 |
|     11 | S800408101 | 2011-02-19 00:00:00 |       1 |        25 | 2011010333 |
|     15 | S800312101 | 2021-01-04 00:00:00 |       2 |        24 | 2011010330 |
|      2 | S800312101 | 2011-01-04 00:00:00 |       1 |        12 | 2011010330 |
|      9 | S800408308 | 2011-02-10 00:00:00 |       5 |        10 | 2011010331 |
|     16 | S800408308 | 2021-01-06 00:00:00 |       3 |         6 | 2011010331 |
|      3 | S800408308 | 2011-01-06 00:00:00 |       2 |         4 | 2011010331 |
+--------+------------+---------------------+---------+-----------+------------+
17 rows in set (0.00 sec)
```

图 3-3-2　查询结果按多字段排序

（3）使用 SUM() 函数进行字段值求和。

查询交易信息表（dealing）中编号为“1002300012”的会员的总消费金额，要求查询结果中列出会员编号（memberid）和总消费金额（交易金额 Dealingprice 字段值求和）。

根据任务要求和基础知识可知，SELECT 子句中包含 memberid 和 SUM(Dealingprice)，查询条件需要使用关系运算符“=”，即 WHERE memberid='1002300012'，因为 memberid 字段没有出现在聚合函数中，所以必须出现在 GROUP BY 子句中，即 GROUP BY memberid，则任务要求的查询语句为：

视 频

聚合函数的使用

```
select memberid,SUM(dealingprice)
from dealing
where memberid='1002300012'
group by memberid;
```

查询结果如图 3-3-3 所示。

此任务如果没有指定查询具体哪个会员的消费总金额，查询语句只要去掉 WHERE 子句，可得到图 3-3-4 所示的查询结果。

```
mysql> select memberid,SUM(dealingprice)
    -> from dealing
    -> where memberid='1002300012'
    -> group by memberid;
+------------+-------------------+
| memberid   | SUM(dealingprice) |
+------------+-------------------+
| 1002300012 |               375 |
+------------+-------------------+
1 row in set (0.00 sec)
```

图 3-3-3　使用 SUM() 函数查询结果

```
+------------+-------------------+
| memberid   | SUM(dealingprice) |
+------------+-------------------+
| 1002300011 |                 4 |
| 1002300012 |               375 |
| 1002300013 |                87 |
| 1002300014 |              87.5 |
| 1002300018 |               385 |
+------------+-------------------+
5 rows in set (0.00 sec)
```

图 3-3-4　查询每位会员的消费总金额

根据图 3-3-3 和图 3-3-4 所示，查询消费总金额时使用聚合函数 SUM()，查询结果列出的字段名是一个表达式，不直观，此时可使用字段别名让查询结果更直观。查询语句改写成：

```
select memberid 会员编号,sum(dealingprice) 消费总金额
from dealing
group by memberid;
```

查询结果如图 3-3-5 所示。

```
mysql> select memberid 会员编号,sum(dealingprice) 消费总金额
    -> from dealing
    -> group by memberid;
+--------------+--------------+
| 会员编号     | 消费总金额   |
+--------------+--------------+
| 1002300011   |            4 |
| 1002300012   |          375 |
| 1002300013   |           87 |
| 1002300014   |         87.5 |
| 1002300018   |          385 |
+--------------+--------------+
5 rows in set (0.00 sec)
```

图 3-3-5　使用字段别名查询每位会员的消费总金额

（4）使用 AVG() 函数进行字段值求平均值。

查询销售信息表（sale）的平均销售金额（saleprice）。

查询语句为：

```
select avg(saleprice) from sale;
```

查询结果如图 3-3-6 所示。

```
mysql> select avg(saleprice) from sale;
+-------------------+
| avg(saleprice)    |
+-------------------+
| 72.41176470588235 |
+-------------------+
1 row in set (0.00 sec)
```

图 3-3-6　使用 AVG() 函数查询结果

（5）使用 MAX() 函数求字段最大值。

查询商品信息表（merchinfo）中价格（merchprice）最贵的商品价格。

查询语句为：

```
select max(merchprice) from merchinfo;
```

查询结果如图 3-3-7 所示。

```
mysql> select max(merchprice) from merchinfo;
+-----------------+
| max(merchprice) |
+-----------------+
|              29 |
+-----------------+
1 row in set (0.00 sec)
```

图 3-3-7　使用 MAX() 函数查询结果

（6）使用 MIN() 函数求字段最小值。

查询商品信息表（merchinfo）中价格（merchprice）最便宜的商品价格。

查询语句为：

```
select min(merchprice) from merchinfo;
```

查询结果如图 3-3-8 所示。

```
mysql> select min(merchprice) from merchinfo;
+-----------------+
| min(merchprice) |
+-----------------+
|               2 |
+-----------------+
1 row in set (0.00 sec)
```

图 3-3-8　使用 MIN() 函数查询结果

（7）使用 COUNT() 函数统计记录数。

查询用户信息表（users）中的记录数。

查询语句为：

```
select count(*) from users;
```

查询结果如图 3-3-9 所示。

```
mysql> select count(*) from users;
+----------+
| count(*) |
+----------+
|        8 |
+----------+
1 row in set (0.00 sec)
```

图 3-3-9　使用 COUNT() 函数查询结果

（8）使用 HAVING 子句筛选分组结果。

视 频

having子句的使用

查询交易信息表（dealing）中的总消费金额多于 50 元的所有会员编号（memberid）和总消费金额（交易金额 Dealingprice 求和）。

图 3-3-5 所示为查询交易信息表中每位会员的消费总额，并且使用了字段别名让查询结果更加直观。本次任务是要求只显示图 3-3-5 所示的查询结果中消费总金额超过 50 的信息，即 SUM(Dealingprice)>50，则查询语句为：

```
select memberid 会员编号,sum(dealingprice) 消费总金额
from dealing
group by memberid
having sum(dealingprice)>50;
```

查询结果如图 3-3-10 所示。

```
mysql> select memberid 会员编号,sum(dealingprice) 消费总金额
    -> from dealing
    -> group by memberid
    -> having sum(dealingprice)>50;
+-------------+----------------+
| 会员编号    | 消费总金额     |
+-------------+----------------+
| 1002300012  |            375 |
| 1002300013  |             87 |
| 1002300014  |           87.5 |
| 1002300018  |            385 |
+-------------+----------------+
4 rows in set (0.01 sec)
```

图 3-3-10　使用 HAVING 子句筛选分组结果

（9）查询商品信息表（merchinfo）中所有数量（Merchnum）少于 50 的商品信息。要求使用表别名 m 简化商品信息表（merchinfo）的名称。

结合基础知识和之前所学内容可以得到如下查询语句：

```
select * from merchinfo as m
where m.Merchnum<50;
```

查询结果如图 3-3-11 所示。

```
mysql> select * from merchinfo as m
    -> where m.Merchnum<50;
+-------------+----------+------------+-----------+----------+------------+----------+------------+
| Merchid     | Merchname | merchprice | Spec      | Merchnum | Cautionnum | Plannum  | Provideid  |
+-------------+----------+------------+-----------+----------+------------+----------+------------+
| S800408309  | 胡萝卜    |        2.5 | 20斤/箱   |       20 |          1 |       15 | G200312103 |
| S700120101  | 提子饼干  |        7.8 | 200克     |       25 |          3 |       20 | G200312302 |
| S700120102  | 老面包    |          5 | 300克     |       30 |          5 |       50 | G200312302 |
+-------------+----------+------------+-----------+----------+------------+----------+------------+
3 rows in set (0.00 sec)
```

图 3-3-11　使用表别名查询结果

问题思考一：聚合函数作为条件时能否出现在 WHERE 子句中?

不能，聚合函数作为条件时必须出现在 HAVING 子句中。

问题思考二：给字段取别名是否会改变表中的字段名称?

不会，给字段取别名只是在查询结果显示时会看到，不会影响到数据表本身。

学习结果评价

序号	评价内容	评价标准	评价结果（是/否）
1	知识与技能	按要求正确使用 ORDER BY 子句	□是　□否
		按要求正确使用 GROUP BY 子句	□是　□否
		按要求正确使用 HAVING 子句	□是　□否
		按要求正确使用常用的五个聚合函数	□是　□否
		按要求正确为查询字段取别名	□是　□否
2	职业规范	输入命令是否注意大小写	□是　□否
		是否在查询前后做对比	□是　□否
3	总　评	“是”与“否”在本次评价中所占百分比	“是”占________% “否”占________%

任务 3-4　实践训练——单表查询

实训目的

1. 学会使用简单的 select 语句查询单个表中数据。
2. 熟练使用有 where 子句的 select 语句查询单个数据表。
3. 学会在 select 语句中使用表别名和列别名。

实训准备

1. 数据库 pxbgl 和数据库中七个数据表已经创建好，且每个表中都有完整的数据。

2. 认真阅读实训内容，学习实训所需知识和技能。

实训任务

使用 SQL 语句完成以下数据查询任务。

1. 查询 pxbgl 数据库中学员信息表（student_info）中所有学员信息。

2. 查询 pxbgl 数据库中学员信息表（student_info）中的学号（student_id）、姓名（student_name）和电话号码（telephone）。

3. 查询 pxbgl 数据库中学员信息表（student_info）中的地址（address）信息，并删除查询结果中的重复值。

4. 查询 pxbgl 数据库中课程信息表（course_info）中前 5 门课程信息。

5. 查询 pxbgl 数据库中学员信息表（student_info）中所有女生信息。

6. 查询 pxbgl 数据库中课程信息表（course_info）中所有学费（tuition) 低于 300 的课程的课程名（course_name）。

7. 查询 pxbgl 数据库中交费表（pay_info）中有欠费的学员姓名（student_name）、欠费金额（arrearage）。（提示：有欠费就表示欠费金额不等于 0）

8. 查询 pxbgl 数据库中学员信息表（student_info）中所有姓“李”（student_name）的女生信息，要求在查询结果中列出学号（student_id）、姓名（student_name）、电话号码（telephone）、地址（address）和入学时间（entrance_time）。

9. 查询 pxbgl 数据库中学员信息表（student_info）中备注（memo）信息不为空的学生信息，查询结果中列出学号（student_id）、姓名（student_name）和备注（memo）信息。

10. 查询 pxbgl 数据库中选课信息表（course_selection）中选学“C 语言”“Java 语言”“网页制作”课程的学号（student_id）、姓名（student_name）和课程名（course_name）。

11. 查询 pxbgl 数据库中学员信息表（student_info）中的学员信息，将查询结果按照学生证编号（IDnumber）升序排序。

12. 查询 pxbgl 数据库中交费表（pay_info）中的欠费（arrearage）总额，并在查询结果中设置字段别名“欠费总额”。

13. 查询 pxbgl 数据库中的请假表（sleave），统计每个学员的请假次数。

14. 查询 pxbgl 数据库中的交费表（pay_info），统计欠费（arrearage）总额大于 50 元的学员信息，要求列出学员编号（student_id）及学员欠费总额。

15. 查询 pxbgl 数据库中学生信息表（student_info）中所有地址（address）为无锡新区的学生信息。要求使用表别名 s 代替学生信息表（student_info）。

实训提示

1. 查询 pxbgl 数据库中学员信息表（student_info）中所有学员信息。

可使用通配符 *，也可以使用具体字段名，命令为：

```
select * from student_info;
```

或：

```
select student_id,student_name,sex,telephone,address,IDtype,IDnumber,entran
ce_time,status,memo
from student_info;
```

2. 查询 pxbgl 数据库中学员信息表（student_info）中的学号（student_id）、姓名（student_name）和电话号码（telephone）。

提示命令：

```
select student_id,student_name,telephone from student_info;
```

3. 查询 pxbgl 数据库中学员信息表（student_info）中的地址（address）信息，并删除查询结果中的重复值。

提示：使用 distinct 关键字。命令为：

```
select distinct address from student_info;
```

4. 查询 pxbgl 数据库中课程信息表（course_info）中前 5 门课程信息。

提示：使用 limit 关键字限制查询结果的行数。命令为：

```
select * from course_info limit 5;
```

5. 查询 pxbgl 数据库中学员信息表（student_info）中所有女生信息。

提示：带条件查询，使用 where 子句。命令为：

```
select * from student_info where sex='女';
```

6. 查询 pxbgl 数据库中课程信息表（course_info）中所有学费（tuition）低于 300 的课程的课程名。

提示：参照任务 5 中的语句。命令为：

```
select course_name from course_info
    where tuition<300;
```

7. 查询 pxbgl 数据库中交费表（pay_info）中有欠费的学员姓名（student_name）、欠费金额（arrearage）。

提示：关系运算符在条件子句中的使用。命令为：

```
select student_name,arrearage from pay_info
    where arrearage<>0;
```

8. 查询 pxbgl 数据库中学员信息表（student_info）中所有姓“李”（student_name）的女生信息，要求在查询结果中列出学号（student_id）、姓名（student_name）、电话号码（telephone）、地址（address）和入学时间（entrance_time）。

提示：模糊匹配运算符在条件子句中的使用。命令为：

```
select student_id,student_name,telephone,address,entrance_time
    from student_info
    where student_name like '李%' and sex='女';
```

9. 查询 pxbgl 数据库中学员信息表（student_info）中备注（memo）信息不为空的学生信息，查询结果中列出学号（student_id）、姓名（student_name）和备注（memo）信息。

提示：在条件子句中判断是否为空。建议命令为：

```
select student_id,student_name,memo
    from student_info
    where memo is not null;
```

10. 查询 pxbgl 数据库选课信息表（course_selection）中选学“C 语言”“Java 语言”“网页制作”课程的学号（student_id）、姓名（student_name）和课程名（course_name）。

提示：在条件子句中使用列表运算符表示查询条件。建议命令为：

```
select student_id,student_name,course_name
    from course_selection
    where course_name in('C语言','Java语言','网页制作');
```

或：

```
select student_id,student_name,course_name
    from course_selection
    where course_name ='C语言' or course_name='Java语言' or course_name='网页制作';
```

11. 查询 pxbgl 数据库中学员信息表（student_info）的学员信息，将查询结果按照学生证编号（IDnumber）升序排序。

提示：排序子句使用时，要注意是升序还是降序。建议命令为：

```
select * from student_info
    order by IDnumber;
```

12. 查询 pxbgl 数据库中交费表（pay_info）中的欠费（arrearage）总额，并在查询结果中设置字段别名“欠费总额”。

提示：在查询语句中使用列别名可以提升查询语句的可读性。建议命令为：

```
select sum(arrearage) 欠费总额
    from pay_info;
```

或：

```
select sum(arrearage) as 欠费总额
    from pay_info;
```

13. 查询 pxbgl 数据库中的请假表（sleave），统计每个学员的请假次数。

提示：聚合函数往往要与 group by 子句结合使用。建议命令为：

```
select student_id,count(student_id) 请假次数
    from sleave
    group by student_id;
```

14. 查询 pxbgl 数据库中的交费表（pay_info），统计欠费（arrearage）总额大于 50 元的学员信息，要求列出学员编号（student_id）及学员欠费总额。

提示：参考任务 13 的命令。建议命令为：

```
select student_id,sum(arrearage) as 学员欠费总额
    from pay_info
    group by student_id
    having sum(arrearage)>50;
```

15. 查询 pxbgl 数据库中学生信息表（student_info）中所有地址（address）为无锡新区的学生信息。要求使用表别名 s 代替学生信息表（student_info）。

提示：一旦定义表别名，则必须要在查询中使用别名。命令为：

```
select * from student_info as s
    where s.address='无锡新区';
```

或：

```
select * from student_info as s
    where s.address like '%.无锡新区%';
```

实训报告要求：

1. 结合实训提示，将实训过程中进行的各项工作和步骤记录在实训报告上。

2. 将实训过程中遇到的问题记录下来，结合具体的操作撰写实训心得体会。

实训结果评价

序号	评价内容	评价标准	评价结果（是/否）
1	知识与技能	成功按照要求使用 select 语句的基本格式查询数据表	□是 □否
		成功按照要求使用带 where 子句的 select 语句查询数据表	□是 □否
		成功按照要求使用相应的聚合函数实现查询统计	□是 □否
		成功按照要求使用 order by 子句进行查询结果排序	□是 □否
		成功按照要求使用列别名、表别名提升查询语句的可读性	□是 □否
2	职业规范	命令中大小写统一	□是 □否
		文档格式规范	□是 □否
3	总　评	“是”与“否”在本次评价中所占百分比	“是”占________% “否”占________%

工作任务 4 查询多个数据表

学习目标

（1）能按要求使用交叉连接、内连接、外连接查询多个数据表中的数据。

（2）能按要求使用复合条件连接查询多个数据表中的数据。

（3）能在连接查询中正确使用表别名、列别名进行查询。

素质目标

（1）通过复习 select 语句的知识和技能以及线上同名课程的预习，培养借助网络平台搜索信息、学习新知识的能力。

（2）通过对多表查询知识和技能的学习，有意识培养团队协作精神和创新精神。

（3）通过学习新知识新技能时的反复练习和训练，培养工匠精神。

最终目标

能根据任务要求熟练地针对多个数据表进行查询。

任务 4-1 使用交叉连接查询多个数据表

任务描述

使用交叉连接查询多个数据表。

基础知识

1. 交叉连接

交叉连接所做的是数学中的笛卡儿积运算，是多表连接中最简单的，也是最不具备实际应用意义的连接查询。没有指定字段要求的交叉连接查询语句的执行结果的行数和列数分别为：

查询结果的列数 = 参加交叉连接的表中列数的和

查询结果的行数 = 参加交叉连接的表中行数的乘积

2. 交叉连接查询的语句格式为：

```
select 列名列表|* from 表名1 cross join 表名2;
```

或者

```
select 列名列表|* from 表名1, 表名2;
```

任务实现

（一）操作条件

supermarket 数据库以及数据库内的七个数据表都已经创建好，并且每个数据表中都有完整的数据。

（二）安全及注意事项

视 频

交叉连接与表别名

注意任务要求中提出的数据查询要求，输入语句时不要弄错 select 子句中字段名列表和 from 子句后面的数据表以及交叉连接的关键字。

（三）操作过程

（1）使用交叉连接查询 supermarket 数据库中商品信息表（merchinfo）和供应商信息表（provide）中所有数据。

根据交叉连接的语法格式，可使用如下语句查看商品信息表和供应商信息表所有数据的交叉连接结果。

```
select * from merchinfo cross join provide;
```

此时使用 * 表示 merchinfo 表和 provide 表中所有字段。

根据语法格式，语句还可以写成：

```
select * from merchinfo,provide;
```

查询结果如图 4-1-1 所示。

（2）查询 supermarket 数据库中商品信息表（merchinfo）和供应商信息表（provide）中所有数据，要求查询结果列出商品编号（merchid）、商品名称（merchname）、供应商编号（provideid）和供应商名称（providename）。

根据交叉连接的语法格式，可写出如下查询语句：

```
select merchid,merchname,provideid,providename
from merchinfo,provide;
```

但是，该语句执行后出现错误，如图 4-1-2 所示。

根据错误信息可知，merchinfo 表和 provide 表都有 provideid 字段，现在无法确定 select 子句中的 provideid 字段是哪个表的，此时必须要使用“表名.字段名”确定该字段的来源。即查询语句应该改为：

```
select merchid,merchname,provide.provideid,providename
from merchinfo,provide;
```

Merchid	Merchname	merchprice	Spec	Merchnum	Cautionnum	Plannum	Provideid	provideid	providename	provideaddress	providephone
S690180880	杏仁露	3.5	12斤/箱	50	2	50	G200312103	G200312101	长春食品厂	吉林省长春市岭东路	043178459540
S800312101	QQ糖	12	10粒/袋	500	10	100	G200312105	G200312101	长春食品厂	吉林省长春市岭东路	043178459540
S800313106	西红柿	22.4	30个/箱	50	5	20	G200312102	G200312101	长春食品厂	吉林省长春市岭东路	043178459540
S800408101	方便面	29	20袋/箱	50	5	30	G200312101	G200312101	长春食品厂	吉林省长春市岭东路	043178459540
S800408308	白糖	2	1斤/袋	100	10	50	G200312102	G200312101	长春食品厂	吉林省长春市岭东路	043178459540
S800408309	胡萝卜	2.5	20斤/箱	20	1	15	G200312103	G200312101	长春食品厂	吉林省长春市岭东路	043178459540
S700120101	提子饼干	7.8	200克	25	3	20	G200312302	G200312101	长春食品厂	吉林省长春市岭东路	043178459540
S700120102	老面包	5	300克	30	5	50	G200312302	G200312101	长春食品厂	吉林省长春市岭东路	043178459540
S700120103	抹茶西饼	20	300克	50	5	50	G200312302	G200312101	长春食品厂	吉林省长春市岭东路	043178459540
S690180880	杏仁露	3.5	12斤/箱	50	2	50	G200312103	G200312102	朝阳食品有限公司	江苏省无锡市南长区	051082703788
S800312101	QQ糖	12	10粒/袋	500	10	100	G200312105	G200312102	朝阳食品有限公司	江苏省无锡市南长区	051082703788
S800313106	西红柿	22.4	30个/箱	50	5	20	G200312102	G200312102	朝阳食品有限公司	江苏省无锡市南长区	051082703788
S800408101	方便面	29	20袋/箱	50	5	30	G200312101	G200312102	朝阳食品有限公司	江苏省无锡市南长区	051082703788
S800408308	白糖	2	1斤/袋	100	10	50	G200312102	G200312102	朝阳食品有限公司	江苏省无锡市南长区	051082703788
S800408309	胡萝卜	2.5	20斤/箱	20	1	15	G200312103	G200312102	朝阳食品有限公司	江苏省无锡市南长区	051082703788
S800312101	QQ糖	12	10粒/袋	500	10	100	G200312105	G200312305	富胜贸易有限公司	NULL	076923077678
S800313106	西红柿	22.4	30个/箱	50	5	20	G200312102	G200312305	富胜贸易有限公司	NULL	076923077678
S800408101	方便面	29	20袋/箱	50	5	30	G200312101	G200312305	富胜贸易有限公司	NULL	076923077678
S800408308	白糖	2	1斤/袋	100	10	50	G200312102	G200312305	富胜贸易有限公司	NULL	076923077678
S800408309	胡萝卜	2.5	20斤/箱	20	1	15	G200312103	G200312305	富胜贸易有限公司	NULL	076923077678
S700120101	提子饼干	7.8	200克	25	3	20	G200312302	G200312305	富胜贸易有限公司	NULL	076923077678
S700120102	老面包	5	300克	30	5	50	G200312302	G200312305	富胜贸易有限公司	NULL	076923077678
S700120103	抹茶西饼	20	300克	50	5	50	G200312302	G200312305	富胜贸易有限公司	NULL	076923077678
S690180880	杏仁露	3.5	12斤/箱	50	2	50	G200312103	G202105231	北京美时乐食品有限公司	NULL	010-86661234
S800312101	QQ糖	12	10粒/袋	500	10	100	G200312105	G202105231	北京美时乐食品有限公司	NULL	010-86661234
S800313106	西红柿	22.4	30个/箱	50	5	20	G200312102	G202105231	北京美时乐食品有限公司	NULL	010-86661234
S800408101	方便面	29	20袋/箱	50	5	30	G200312101	G202105231	北京美时乐食品有限公司	NULL	010-86661234
S800408308	白糖	2	1斤/袋	100	10	50	G200312102	G202105231	北京美时乐食品有限公司	NULL	010-86661234
S800408309	胡萝卜	2.5	20斤/箱	20	1	15	G200312103	G202105231	北京美时乐食品有限公司	NULL	010-86661234
S700120101	提子饼干	7.8	200克	25	3	20	G200312302	G202105231	北京美时乐食品有限公司	NULL	010-86661234
S700120102	老面包	5	300克	30	5	50	G200312302	G202105231	北京美时乐食品有限公司	NULL	010-86661234
S700120103	抹茶西饼	20	300克	50	5	50	G200312302	G202105231	北京美时乐食品有限公司	NULL	010-86661234

90 rows in set (0.00 sec)

图 4-1-1　商品信息表和供应商信息表的交叉连接查询结果

```
mysql> select merchid,merchname,provideid,providename
    -> from merchinfo,provide;
ERROR 1052 (23000): Column 'provideid' in field list is ambiguous
```

图 4-1-2　交叉连接查询报错

此时就可以出现图 4-1-3 所示的查询结果。

如果觉得表名太长不方便，也可以使用表别名方式修改上述查询语句为：

```
select merchid,merchname,p.provideid,providename
from merchinfo as m,provide as p;
```

merchid	merchname	provideid	providename
S690180880	杏仁露	G200312101	长春食品厂
S800312101	QQ糖	G200312101	长春食品厂
S800313106	西红柿	G200312101	长春食品厂
S800408101	方便面	G200312101	长春食品厂
S800408308	白糖	G200312101	长春食品厂
S800408309	胡萝卜	G200312101	长春食品厂
S700120101	提子饼干	G200312101	长春食品厂
S700120102	老面包	G200312101	长春食品厂
S700120103	抹茶西饼	G200312101	长春食品厂
S690180880	杏仁露	G200312102	朝阳食品有限公司
S800312101	QQ糖	G200312102	朝阳食品有限公司
S800313106	西红柿	G200312102	朝阳食品有限公司
S800408101	方便面	G200312102	朝阳食品有限公司
S800408308	白糖	G200312102	朝阳食品有限公司
S800408309	胡萝卜	G200312102	朝阳食品有限公司
S700120101	提子饼干	G200312102	朝阳食品有限公司
S700120102	老面包	G200312102	朝阳食品有限公司
S700120103	抹茶西饼	G200312102	朝阳食品有限公司
S690180880	杏仁露	G200312103	黑龙江食品厂
S800312101	QQ糖	G200312103	黑龙江食品厂
S800313106	西红柿	G200312103	黑龙江食品厂
S800408101	方便面	G200312103	黑龙江食品厂
S800408308	白糖	G200312103	黑龙江食品厂
S800408309	胡萝卜	G200312103	黑龙江食品厂
S800312101	QQ糖	G200312302	康元食品有限公司
S800313106	西红柿	G200312302	康元食品有限公司
S800408101	方便面	G200312302	康元食品有限公司
S800408308	白糖	G200312302	康元食品有限公司
S800408309	胡萝卜	G200312302	康元食品有限公司
S700120101	提子饼干	G200312302	康元食品有限公司
S700120102	老面包	G200312302	康元食品有限公司
S700120103	抹茶西饼	G200312302	康元食品有限公司
S690180880	杏仁露	G200312305	富胜贸易有限公司
S800312101	QQ糖	G200312305	富胜贸易有限公司
S800313106	西红柿	G200312305	富胜贸易有限公司
S800408101	方便面	G200312305	富胜贸易有限公司
S800408308	白糖	G200312305	富胜贸易有限公司
S800408309	胡萝卜	G200312305	富胜贸易有限公司
S700120101	提子饼干	G200312305	富胜贸易有限公司
S700120102	老面包	G200312305	富胜贸易有限公司
S700120103	抹茶西饼	G200312305	富胜贸易有限公司
S690180880	杏仁露	G202105231	北京美时乐食品有限公司
S800312101	QQ糖	G202105231	北京美时乐食品有限公司
S800313106	西红柿	G202105231	北京美时乐食品有限公司
S800408101	方便面	G202105231	北京美时乐食品有限公司
S800408308	白糖	G202105231	北京美时乐食品有限公司
S800408309	胡萝卜	G202105231	北京美时乐食品有限公司
S700120101	提子饼干	G202105231	北京美时乐食品有限公司
S700120102	老面包	G202105231	北京美时乐食品有限公司
S700120103	抹茶西饼	G202105231	北京美时乐食品有限公司

90 rows in set (0.00 sec)

图 4-1-3　指定字段的交叉连接查询结果

问题思考一：如果交叉连接查询时没有要求列出具体字段，可以使用表别名吗？

表别名的使用与查询结果是否需要列出具体字段没有关系。

问题思考二：交叉连接查询语句中可否有 where 子句？如果有，查询结果具体应该有多少条记录？

交叉连接查询语句中可以有 where 子句。根据基础知识可知，交叉连接所做的是数学中的笛卡儿积，如果有 where 子句，则查询结果的行数是符合查询条件的两个表的行数的乘积，如果查询的是三个表的交叉连接，则查询结果的行数就是符合查询条件的三个表的行数的乘积，依此类推。

问题思考三：交叉连接查询时如果指定字段名，需不需要每个字段都使用“表名.字段名”的形式？

具体在做交叉连接时是不需要每个字段都指定来自于哪个表，只有出现多个表中有同名字段时才需要使用“表名.字段名”的形式指出。当然，如果每个字段都使用这种形式指出字段的来源，也没有问题。

学习结果评价

序号	评价内容	评价标准	评价结果（是/否）
1	知识与技能	正确查询两个表的笛卡儿积	□是　□否
		正确使用表别名实现交叉连接查询	□是　□否
2	职业规范	输入命令是否注意大小写	□是　□否
		是否认真核实查询语句格式和要求	□是　□否
3	总　评	“是”与“否”在本次评价中所占百分比	“是”占______% “否”占______%

任务 4-2　使用内连接查询多个数据表

任务描述

能根据要求正确使用内连接查询多个数据表。

基础知识

（1）内连接是使用最为广泛、实用性最强的连接查询。内连接查询语句的执行结果要根据具体的条件要求列出，从而获取两个表中字段匹配的记录。

（2）内连接使用比较运算符对两个表中的数据进行比较，列出与连接条件匹配的数据行，组合成新的记录。

（3）内连接查询的语句格式为：

```
select 列名列表 from 表名1 [inner] join 表名2
on  表名1.列名=表名2.列名；
```

或

```
select 列名列表 from 表名1，表名2
where  表名1.列名=表名2.列名；
```

（4）理论上说，内连接可以连接多个数据表。但是，为了获得更好的性能，应该限制要连接表数量，最好不要超过三个表。如果内连接的表有三个，查询语句的格式为：

```
select 列名列表 from 表名1 [inner] join 表名2 [inner] join 表名3
on  表名1.列名=表名2.列名 and 表名2.列名=表名3.列名；
```

或：

```
select 列名列表 from 表名1 [inner] join 表名2
on  表名1.列名=表名2.列名
[inner] join 表名3
on 表名2.列名=表名3.列名；
```

（5）内连接中有一种特殊的形式，就是连接的两个表其实是一个表，只是为它们分别取了不同的表别名，即是一个表的两个副本之间进行的内连接，又称自连接。

任务实现

（一）操作条件

supermarket数据库以及数据库内的七个数据表都已经创建好，并且每个数据表中都有完整的数据。

（二）安全及注意事项

注意任务要求中提出的内连接查询要求，输入语句时不要弄错ON子句中的条件或是WHERE子句中的条件。

（三）操作过程

视频

内连接查询

（1）使用内连接查询销售信息表（sale）和商品信息表（merchinfo），要求在查询结果中列出商品编号（merchid）、商品名称（merchname）、用户编号（userid）和销售金额（saleprice）。

任务要求使用内连接查询sale表和merchinfo表，这两个表中的共同字段是商品编号（merchid），则连接条件是两个表中的商品编号相同，此时，要注意相同字段名要给出字段名的所有表，由此可以得到如下语句：

```
select m.merchid,m.merchname,s.userid,s.saleprice
```

```
from merchinfo m inner join sale s
on m.merchid=s.merchid;
```

查询结果如图 4-2-1 所示。

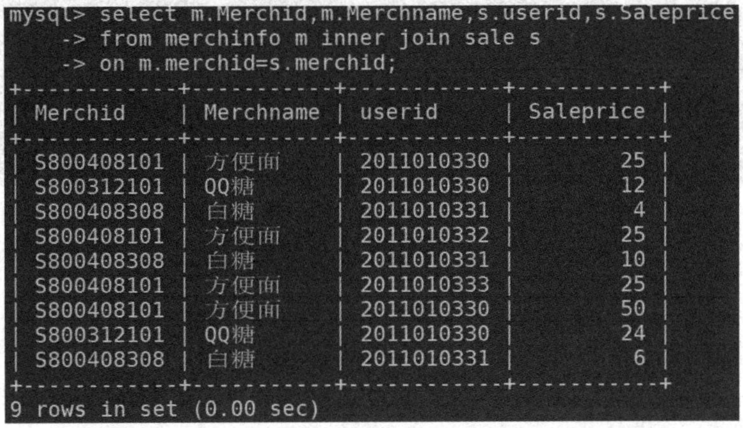

```
mysql> select m.Merchid,m.Merchname,s.userid,s.Saleprice
    -> from merchinfo m inner join sale s
    -> on m.merchid=s.merchid;
+------------+-----------+------------+-----------+
| Merchid    | Merchname | userid     | Saleprice |
+------------+-----------+------------+-----------+
| S800408101 | 方便面    | 2011010330 |        25 |
| S800312101 | QQ糖      | 2011010330 |        12 |
| S800408308 | 白糖      | 2011010331 |         4 |
| S800408101 | 方便面    | 2011010332 |        25 |
| S800408308 | 白糖      | 2011010331 |        10 |
| S800408101 | 方便面    | 2011010333 |        25 |
| S800408101 | 方便面    | 2011010330 |        50 |
| S800312101 | QQ糖      | 2011010330 |        24 |
| S800408308 | 白糖      | 2011010331 |         6 |
+------------+-----------+------------+-----------+
9 rows in set (0.00 sec)
```

图 4-2-1　使用内连接查询商品信息表和销售信息表结果

此时的内连接查询也可以使用 where 子句来表示内连接的条件，具体语句如下：

```
select m.merchid,m.merchname,s.userid,s.saleprice
from merchinfo m,sale s
where m.merchid=s.merchid;
```

在该任务中，因表名过长而使用了表别名，此时要注意，一旦使用了表别名，则在描述字段名的所有表时必须使用表别名。

（2）查询已供应商品的供应商所供应的商品信息，要求列出供应商编号（provideid）、供应商名称（providename）、商品编号（merchid）、商品名称（merchname）。

根据操作条件可知，商品信息表中提供了供应商编码，但没有提供供应商的名称，所以该查询必须要用到供应商信息表（provide）和商品信息表（merchinfo）两张数据表，并且要求两表之间的供应商编码是相等的，即内连接查询的连接条件是：

```
provide.provideid=merchinfo.provideid
```

具体语句如下：

```
select p.provideid,providename,merchid,merchname
from provide p inner join merchinfo m
on p.provideid=m.provideid;
```

或写成：

```
select p.provideid,providename,merchid,merchname
from provide  p,merchinfo  m
where p.provideid=m.provideid;
```

查询结果如图 4-2-2 所示。

provideid	providename	merchid	merchname
G200312101	长春食品厂	S800408101	方便面
G200312102	朝阳食品有限公司	S800313106	西红柿
G200312102	朝阳食品有限公司	S800408308	白糖
G200312103	黑龙江食品厂	S690180880	杏仁露
G200312103	黑龙江食品厂	S800408309	胡萝卜
G200312105	正鑫食品有限公司	S800312101	QQ糖
G200312302	康元食品有限公司	S700120101	提子饼干
G200312302	康元食品有限公司	S700120102	老面包
G200312302	康元食品有限公司	S700120103	抹茶西饼

9 rows in set (0.00 sec)

图 4-2-2　使用内连接查询已供应商品的供应商所供应的商品信息查询结果

（3）查询产生多笔（至少两笔）交易的会员的编号（memberid）、会员卡号（membercard）、交易日期（dealingdate）、交易金额（dealingprice）。

根据任务要求可知，此处需要使用交易信息表（dealing）的自连接完成，其连接条件为 a.memberid=b.memberid，其中 a 和 b 是交易信息表的两个不同副本的别名。任务要求中要查询产生多笔交易的会员信息，所以还要选择交易编号（dealingid）不同的记录。另外，因为会员卡号（membercard）只在会员信息表（member）中有这个字段，所以此任务不仅涉及交易信息表（dealing）的自连接查询，还涉及与会员信息表（member）的内连接查询，具体查询语句如下：

```
select c.memberid, membercard,a.dealingdate,a.dealingprice
from dealing a inner join dealing b
on a.memberid=b.memberid
inner join member c
on b.memberid=c.memberid
where  a.dealingid<>b.dealingid;
```

或：

```
select c.memberid, membercard,a.dealingdate,a.dealingprice
from dealing a inner join dealing b inner join member c
on a.memberid=b.memberid and b.memberid=c.memberid
where a.dealingid<>b.dealingid;
```

查询结果如图 4-2-3 所示。

memberid	membercard	dealingdate	dealingprice
1002300013	6325320200295146	2011-04-05 00:00:00	50
1002300018	6325320200295161	2011-02-10 00:00:00	97.5
1002300018	6325320200295161	2011-02-19 00:00:00	200
1002300012	6325320200295145	2011-01-31 00:00:00	175
1002300012	6325320200295145	2011-01-30 00:00:00	200
1002300018	6325320200295161	2011-01-25 00:00:00	87.5
1002300018	6325320200295161	2011-02-19 00:00:00	200
1002300018	6325320200295161	2011-01-25 00:00:00	87.5
1002300018	6325320200295161	2011-02-10 00:00:00	97.5
1002300013	6325320200295146	2011-01-04 00:00:00	37

10 rows in set (0.00 sec)

图 4-2-3　使用自连接、内连接查询交易信息表和会员信息表的查询结果

从图 4-2-3 中可以看到查询结果有重复值，为更好地显示此任务的查询结果，可以在 select 子句中使用 distinct 关键字去除重复值，查询语句变为：

```
select distinct c.memberid, membercard,a.dealingdate,a.dealingprice
from dealing a inner join dealing b
on a.memberid=b.memberid
inner join member c
on b.memberid=c.memberid
where  a.dealingid<>b.dealingid;
```

查询结果变为图 4-2-4 所示。

```
+------------+------------------+---------------------+--------------+
| memberid   | membercard       | dealingdate         | dealingprice |
+------------+------------------+---------------------+--------------+
| 1002300013 | 6325320200295146 | 2011-04-05 00:00:00 |           50 |
| 1002300018 | 6325320200295161 | 2011-02-10 00:00:00 |         97.5 |
| 1002300018 | 6325320200295161 | 2011-02-19 00:00:00 |          200 |
| 1002300012 | 6325320200295145 | 2011-01-31 00:00:00 |          175 |
| 1002300012 | 6325320200295145 | 2011-01-30 00:00:00 |          200 |
| 1002300018 | 6325320200295161 | 2011-01-25 00:00:00 |         87.5 |
| 1002300013 | 6325320200295146 | 2011-01-04 00:00:00 |           37 |
+------------+------------------+---------------------+--------------+
7 rows in set (0.00 sec)
```

图 4-2-4　使用自连接、内连接查询交易信息表和会员信息表并去除重复值的查询结果

（4）使用内连接查询会员信息表（member）和交易信息表（dealing），查询结果列出会员编号（memberid）、会员卡号（membercard）、交易日期（dealingdate）和交易金额（dealingprice），并将查询结果按照交易金额从高到低进行排序。

会员信息表和交易信息表的共同字段是会员编号（memberid），则连接条件就是：member.memberid=dealing.memberid，查询结果按交易金额从高到低排序就是逆序排序，使用 desc 关键字。基于这两点，此任务的查询语句应为：

```
select m.memberid,m.membercard,d.dealingdate,d.dealingprice
from member m inner join dealing d
on m.memberid=d.memberid
order by dealingprice desc;
```

查询结果如图 4-2-5 所示。

```
mysql> select m.memberid,m.membercard,d.dealingdate,d.dealingprice
    -> from member m inner join dealing d
    -> on m.memberid=d.memberid
    -> order by dealingprice desc;
+------------+------------------+---------------------+--------------+
| memberid   | membercard       | dealingdate         | dealingprice |
+------------+------------------+---------------------+--------------+
| 1002300012 | 6325320200295145 | 2011-01-30 00:00:00 |          200 |
| 1002300018 | 6325320200295161 | 2011-02-19 00:00:00 |          200 |
| 1002300012 | 6325320200295145 | 2011-01-31 00:00:00 |          175 |
| 1002300018 | 6325320200295161 | 2011-02-10 00:00:00 |         97.5 |
| 1002300018 | 6325320200295161 | 2011-01-25 00:00:00 |         87.5 |
| 1002300014 | 6325320200295147 | 2011-01-31 00:00:00 |         87.5 |
| 1002300013 | 6325320200295146 | 2011-04-05 00:00:00 |           50 |
| 1002300013 | 6325320200295146 | 2011-01-04 00:00:00 |           37 |
| 1002300011 | 6325320200295144 | 2011-01-06 00:00:00 |            4 |
+------------+------------------+---------------------+--------------+
9 rows in set (0.00 sec)
```

图 4-2-5　使用内连接查询会员交易信息并排序的查询结果

问题思考一：使用内连接查询时使用了表别名，但是在 select 子句中没有用到表的别名，会报错吗？

如果在 select 子句中出现的字段都是内连接查询的表中独一无二的，没有用到表别名不会报错。

问题思考二：内连接查询中如果不使用 inner join 关键字的格式，则连接条件在哪里体现？

从基础知识中可知，如果不使用 inner join 关键字格式，则连接条件需要放在 where 子句中，与查询条件是逻辑与的关系。

学习结果评价

序号	评价内容	评价标准	评价结果（是/否）
1	知识与技能	按要求正确使用 INNER JOIN 格式进行内连接查询数据表	□是　　□否
		按要求正确使用 WHERE 子句完成内连接查询数据表	□是　　□否
		按要求正确使用相关子句或关键字进行复合条件内连接查询	□是　　□否
2	职业规范	输入命令是否注意大小写	□是　　□否
		是否在查询前后对比条件表达式的使用情况	□是　　□否
3	总　评	“是”与“否”在本次评价中所占百分比	“是”占_______% “否”占_______%

任务 4-3　使用外连接查询多个数据表

任务描述

能根据要求正确使用外连接查询多个数据表。

基础知识

视频

内连接与外连接查询对照

（1）内连接查询返回的是满足连接条件和查询条件的数据，外连接查询可以返回数据表中不满足连接条件的数据，根据返回结果中需要包含完整数据的表的左、右方向可将外连接分为左外连接（查询结果包含左数据表中不符合连接条件的数据）和右外连接（查询结果包含右数据表中不符合连接条件的数据）。

（2）外连接的语法格式为：

```
select 列名列表 from 表名1 left|right [outer] join 表名2
on 表名1.列名=表名2.列名;
```

其中 left [outer] join 是左外连接，又称左连接，返回包含左表中的所有记录和右表中符合连接条件的记录；right [outer] join 是右外连接，又称右连接，返回包含右表中的所有记录和左表中符合连接条件的记录。

（3）外连接是与内连接相对应的，区别在于内连接只列出符合连接条件要求的行，外连接不仅列出符合连接条件的行，还列出不符合连接条件的行，那些不符合连接条件的列项值用 NULL 填充。

（4）左外连接和右外连接中的“左”和“右”是指连接两个数据表时，在关键字 left|right [outer] join 左侧的表称为左表，同理，在其右侧的表称为右表。

任务实现

（一）操作条件

supermarket 数据库以及数据库内的七个数据表都已经创建好，并且每个数据表中都有完整的数据。

视频

外连接查询

（二）安全及注意事项

（1）注意任务要求中提出的外连接查询要求，输入语句时不要弄错 on 子句中的条件或是 where 子句中的条件。

（2）注意任务要求中提出的外连接的查询要求，输入语句时不要弄错表的位置是左还是右。

（三）操作过程

（1）查询已供应商品的供应商所供应的商品信息，要求列出供应商编号（provideid）、供应商名称（providename）、商品编号（merchid）、商品名称（merchname），并且无论供应商是否已经供应商品，都要求在查询结果中列出供应商编号和供应商名称。

根据任务要求可知此任务要使用外连接进行查询，但没有要求使用左外连接，还是右外连接。若是将供应商信息表（provide）放在外连接关键字的左侧，用到的就是左外连接，则任务要求的查询语句为：

```
select p.provideid,providename,merchid,merchname
from provide  p left outer join merchinfo  m
on p.provideid=m.provideid;
```

查询结果如图 4-3-1 所示。

若是将供应商信息表（provide）放在外连接关键字的右侧，则用到的就是右外连接，则任务要求的查询语句为：

```
select p.provideid,providename,merchid,merchname
from merchinfo m right join provide p
on m.provideid=p.provideid;
```

此时查询语句的运行结果仍是图 4-3-1 所示的结果。

provideid	providename	merchid	merchname
G200312103	黑龙江食品厂	S690180880	杏仁露
G200312105	正鑫食品有限公司	S800312101	QQ糖
G200312102	朝阳食品有限公司	S800313106	西红柿
G200312101	长春食品厂	S800408101	方便面
G200312102	朝阳食品有限公司	S800408308	白糖
G200312103	黑龙江食品厂	S800408309	胡萝卜
G200312302	康元食品有限公司	S700120101	提子饼干
G200312302	康元食品有限公司	S700120102	老面包
G200312302	康元食品有限公司	S700120103	抹茶西饼
G200312104	松原食品有限公司	NULL	NULL
G200312201	兴隆纸品有限公司	NULL	NULL
G200312301	宜兴紫砂厂	NULL	NULL
G200312305	富胜贸易有限公司	NULL	NULL
G202105231	北京美时乐食品有限公司	NULL	NULL

图 4-3-1　使用左外连接查询供应商供应商品信息的查询结果

（2）查询尚未供应商品的供应商信息，要求列出供应商编号（provideid）、供应商名称（providename）。

从图 4-3-1 可以看到，使用外连接查询商品信息表和供应商信息表的结果中商品编号（merchid）和商品名称（merchname）为 null 的记录就是供应商没有供应商品的记录，由此可知，要查询没有供应商品的供应商信息需要在使用外连接查询结果的基础上设置条件：merchinfo.merchid is null，则查询语句为：

```
select p.provideid,providename
from merchinfo m right join provide p
on m.provideid=p.provideid
where m.merchid is null;
```

查询结果如图 4-3-2 所示。

provideid	providename
G200312104	松原食品有限公司
G200312201	兴隆纸品有限公司
G200312301	宜兴紫砂厂
G200312305	富胜贸易有限公司
G202105231	北京美时乐食品有限公司

5 rows in set (0.00 sec)

图 4-3-2　使用设置查询条件的外连接查询未供应商品的供应商信息的查询结果

当然，此任务的查询语句也可以使用左外连接，具体语句为：

```
select p.provideid,providename
from provide  p left outer join merchinfo  m
on p.provideid=m.provideid
where m.merchid is null;
```

问题思考：外连接查询时如果没有写 LEFT 或 RIGHT 关键字，只写了 OUTER 关键字是否会报错？

MySQL 中外连接分为左外连接和右外连接，必须要写清楚表明左外连接或右外连接的关键字 LEFT 或 RIGHT，OUTER 关键字是可选项，倒是可以不写。

学习结果评价

序号	评价内容	评价标准	评价结果（是 / 否）
1	知识与技能	按要求正确使用外连接查询	□是　□否
		按要求正确使用连接条件 ON 子句	□是　□否
		按要求在外连接查询中正确使用 WHERE 子句	□是　□否
2	职业规范	输入命令是否注意大小写	□是　□否
		是否在查询前后做对比	□是　□否
3	总　评	“是”与“否”在本次评价中所占百分比	“是”占______% “否”占______%

任务 4-4　实践训练——多表连接查询

实训目的

1. 学会使用 select 语句查询多个表中数据。
2. 能够在多表连接查询中熟练使用表别名和列别名。

实训准备

1. 数据库 pxbgl 和数据库中七个数据表已经创建好，且每个表中都有完整的数据。
2. 认真阅读实训内容，学习实训所需知识和技能。

实训任务

使用 SQL 语句完成以下数据查询任务。

1. 查询 pxbgl 数据库中学员信息表（student_info）和课程信息表（course_info）中全部数据。

2. 查询 pxbgl 数据库中学员信息表（student_info）和课程信息表（course_info）中的全部数据，要求查询结果列出学号（student_id）、姓名（student_name）、电话号码（telephone）、课程编号（course_id）和课程名称（course_name）。

3. 查询 pxbgl 数据库中学员信息表（student_info）和课程信息表（course_selection），使用内连接查询每个学员的选课信息，要求列出学员编号（student_id）、学员姓名（student_name）、课程编号（course_id）和课程名称（course_name）。

4. 查询 pxbgl 数据库，列出所有已经交费的学员信息及其交费信息，要求查询结果列出学员编号（student_id）、学员姓名（student_name）、应交费用（origin_price）、已交费用（current_price）和欠费金额（arrearage）。

5. 在任务 4 的基础上查询没有欠费的学员信息及其交费信息，查询结果列出的内容与任务 4 相同。

6. 查询 pxbgl 数据库中学员信息表（student_info）和欠费信息表（arrearage），使用内连接查询每个学员的欠费信息，要求列出学员编号（student_id）、学员姓名（student_name）和欠费总额（arrears_total），并将查询结果按欠费总额升序排序。

7. 分别使用左外连接和右外连接查询 pxbgl 数据库中学员信息表（student_info）及其交费表（pay_info）中已交费学员信息和交费信息，要求查询结果列出所有学员（即包括未交学费的学员）的学员编号（student_id）、学员姓名（student_name）、应交费用（origin_price）、已交费用（current_price）和欠费金额（arrearage）。

8. 分别使用左外连接和右外连接查询 pxbgl 数据库中学员信息表（student_info）及其交费表（pay_info）中未交费学员信息，要求查询结果列出学员编号（student_info）、学员姓名（student_name）和联系电话（telephone）。

实训提示

1. 查询 pxbgl 数据库中学员信息表（student_info）和课程信息表（course_info）中全部数据。

提示：交叉连接查询。参考命令为：

```
select * from student_info,course_info;
```

或：

```
select * from student_info cross join course_info;
```

2. 查询 pxbgl 数据库中学员信息表（student_info）和课程信息表（course_info）中的全部数据，要求查询结果列出学号（student_id）、姓名（student_name）、电话号码（telephone）、课程编号（course_id）和课程名称（course_name）。

提示：同样是交叉连接查询，只是需要有选择地在查询结果中列出要求的字段。参考命令为：

```
select student_id,student_name,telephone,course_id,course_name
    from student_info,course_info;
```

或：

```
select student_id,student_name,telephone,course_id,course_name
    from student_info cross join course_info;
```

3. 查询 pxbgl 数据库中学员信息表（student_info）和课程信息表（course_selection），使用内连接查询每个学员的选课信息，要求列出学员编号（student_id）、学员姓名（student_name）、课程编号（course_id）和课程名称（course_name）。

提示：根据任务要求使用内连接查询。参考命令为：

```
select a.student_id as 学员编号,a.student_name as 学员姓名,
course_id as课程编号,course_name as 课程名
from student_info a inner join course_selection b
on a.student_id=b.student_id;
```

或：

```
select a.student_id as 学员编号,a.student_name as 学员姓名,
course_id as课程编号,course_name as 课程名
from student_info a,course_selection b
where a.student_id=b.student_id;
```

4. 查询 pxbgl 数据库，列出所有已经交费的学员信息及其交费信息，要求查询结果列出学员编号（student_id）、学员姓名（student_name）、应交费用（origin_price）、已交费用（current_price）和欠费金额（arrearage）。

提示：参照任务 3 的命令要求。参考命令为：

```
select s.student_id,s.student_name,p.origin_price,p.current_price,p.arrearage
from student_info s inner join pay_info p
on s.student_id=p.student_id;
```

或：

```
select s.student_id,s.student_name,p.origin_price,p.current_price,p.arrearage
from student_info s,pay_info p
where s.student_id=p.student_id;
```

5. 在任务 4 的基础上查询没有欠费的学员信息及其交费信息，查询结果列出的内容与任务 4 相同。

参考命令为：

```
select s.student_id,s.student_name,p.origin_price,p.current_price,p.arrearage
from student_info s inner join pay_info p
on s.student_id=p.student_id
where p.arrearage=0;
```

或：

```
select s.student_id,s.student_name,p.origin_price,p.current_price,p.arrearage
from student_info s,pay_info p
where s.student_id=p.student_id and where p.arrearage=0;
```

6. 查询 pxbgl 数据库中学员信息表（student_info）和欠费信息表（arrearage），使用内连接查询每个学员的欠费信息，要求列出学员编号（student_id）、学员姓名（student_name）和欠费总额（arrears_total），并将查询结果按欠费总额升序排序。

参考命令为：

```
select s.student_id,s.student_name,a.arrears_total
from student_info s inner join arrearage a
on s.student_id=a.student_id
order by arrears_total asc;
```

或：

```
select s.student_id,s.student_name,a.arrears_total
from student_info s,arrearage a
where s.student_id=a.student_id
order by arrears_total asc;
```

7. 分别使用左外连接和右外连接查询 pxbgl 数据库中学员信息表（student_info）及其交费表（pay_info）中已交费学员信息和交费信息，要求查询结果列出所有学员（即包括未交学费的学员）的学员编号（student_id）、学员姓名（student_name）、应交费用（origin_price）、已交费用（current_price）和欠费金额（arrearage）。

左外连接参考命令为：

```
select s.student_id,s.student_name,p.origin_price,p.current_price,p.arrearage
from student_info s left join pay_info p
on s.student_id=p.student_id;
```

右外连接参考命令为：

```
select s.student_id,s.student_name,p.origin_price,p.current_price,p.arrearage
from pay_info p right join student_info s
on s.student_id=p.student_id;
```

8. 分别使用左外连接和右外连接查询 pxbgl 数据库中学员信息表（student_info）及其交费表（pay_info）中未交费学员信息，要求查询结果列出学员编号（student_info）、学员姓名（student_name）和联系电话（telephone）。

左外连接参考命令为：

```
select s.student_id,s.student_name,telephone
from student_info s left join pay_info p
on s.student_id=p.student_id
where current_price is null;
```

右外连接参考命令为：

```
select s.student_id,s.student_name,telephone
from  pay_info p right join student_info s
```

```
on s.student_id=p.student_id
where current_price is null;
```

实训报告要求：

1. 结合实训提示，将实训过程中进行的各项工作和步骤记录在实训报告上。
2. 将实训过程中遇到的问题记录下来，结合具体的操作撰写实训心得体会。

实训结果评价

序号	评价内容	评价标准	评价结果（是 / 否）
1	知识与技能	成功按照要求使用交叉连接查询多个数据表	□是　□否
		成功按照要求使用内连接查询多个数据表	□是　□否
		成功按照要求使用外连接查询多个数据表	□是　□否
		成功按照要求使用列别名、表别名提升查询语句的可读性	□是　□否
2	职业规范	命令中大小写统一	□是　□否
		文档格式规范	□是　□否
3	总　评	“是”与“否”在本次评价中所占百分比	“是”占_______% “否”占_______%

工作任务5 使用子查询

学习目标

（1）能按要求使用子查询进行单表数据查询。

（2）能按要求使用子查询进行数据统计。

（3）能按要求使用子查询进行多表数据查询

（4）能正确区分子查询与多表连接查询。

素质目标

（1）通过线上同名课程的预习，培养借助网络平台搜索信息、学习新知识的能力。

（2）通过对子查询知识和技能的学习，有意识培养分析工作任务能力和团队协作精神。

（3）通过学习新知识新技能时的反复练习和训练，培养工匠精神。

最终目标

能根据提供的特定条件灵活使用子查询。

任务5-1 认识子查询

任务描述

能够根据具体情况准确分析出子查询使用的条件，从而认识子查询及其分类。

基础知识

（1）子查询是指一个查询语句嵌套在另一个查询语句内部的查询，即在一个 select 语句的 select 子句、where 子句或 having 子句、from 子句中包含另一个 select 语句。

（2）通常把外层的 SELECT 查询语句称为主查询或父查询，把嵌套在 select 子句、where 子句或 having 子句、from 子句中的 select 查询语句称为子查询，又称嵌套查询。

（3）通过子查询可以实现单表查询，也可以实现多表查询。子查询实现多表查询时，查询语句可能包含 in、any、all 和 exists 等关键字，除此之外，还可能包含比较运算符。

（4）理论上子查询可以出现在查询语句的任意位置，但在实际应用中，子查询经常出现在 where 子句和 from 子句中。在 where 子句中的子查询一般返回单行单列、单行多列、多行单列数据记录；在 from 子句中的子查询一般返回多行多列数据记录，可当作一个临时数据表。

（5）子查询总是写在一对圆括号中，有几种表现形式，分别用于集合成员测试、比较测试和存在性测试中。

任务实现

（一）操作条件

supermarket 数据库以及数据库内的七个数据表都已经创建好，并且每个数据表中都有完整的数据。

（二）安全及注意事项

（1）注意任务要求中提出的数据查询要求，输入语句时不要弄错子查询所在位置。

（2）注意子查询的分类及其对应关键字的使用。

（三）操作过程

视频

单值比较子查询

（1）使用返回结果为单行单列的子查询查询由“朝阳食品有限公司”供货的商品信息。

任务分析：商品信息表（merchinfo）中只有供应商编号（provideid），没有供应商名称（providename），供应商名称需要从供应商信息表（provide）中查出。

步骤 1：在 provide 表中查询出“朝阳食品有限公司”的供应商编号（provideid）。

```
select provideid
from provide
where providename='朝阳食品有限公司';
```

步骤 2：上一步的查询结果为 G200312102，然后在 merchinfo 表中查询出供应商编号为 G200312102 的商品信息。

```
select *
from merchinfo
where provideid='G200312102';
```

到此，任务就全部完成了。上面两个步骤结合在一起可以使用子查询一步完成，具体语句如下：

```
select *
from merchinfo
where provideid=
(select provideid from provide where providename='朝阳食品有限公司');
```

查询结果如图 5-1-1 所示。

```
mysql> select *
    -> from merchinfo
    -> where provideid=
    -> (select provideid from provide where providename='朝阳食品有限公司');
+------------+-----------+------------+---------+----------+------------+----------+------------+
| Merchid    | Merchname | merchprice | Spec    | Merchnum | Cautionnum | Plannum  | Provideid  |
+------------+-----------+------------+---------+----------+------------+----------+------------+
| S800313106 | 西红柿    |       22.4 | 30个/箱 |       50 |          5 |       20 | G200312102 |
| S800408308 | 白糖      |          2 | 1斤/袋  |      100 |         10 |       50 | G200312102 |
+------------+-----------+------------+---------+----------+------------+----------+------------+
2 rows in set (0.00 sec)
```

图 5-1-1　使用返回结果为单行单列子查询的查询结果

视频

成员测试子查询

子查询的返回结果为单行单列数据记录时，子查询语句一般在主查询语句的 where 子句中，通常会使用比较运算符连接主查询和子查询，这种子查询可称为单值比较测试子查询。此任务中使用的是“=”比较运算符。

（2）使用返回结果为多行单列的子查询查询销售过“方便面”的用户信息。

任务分析：销售信息表（sale）中只有用户编号（userid）和商品编号（merchid），“方便面”的商品编号可从商品信息表（merchinfo）中查出，从而可从销售表（sale）中查询到销售过“方便面”的用户编号，再从用户信息表（users）中查询出相关的用户信息。

步骤 1：在 merchinfo 表中查询出“方便面”的商品编号（merchid）

```
select merchid
from merchinfo
where merchname='方便面';
```

步骤 2：上一步的运行结果为 S800408101。然后在 sale 表中查询出销售过商品编号为 S800408101 的用户编号。

```
select distinct userid
from sale
where merchid='S800408101';
```

步骤 3：可得出用户编号。

```
2011010330
2011010332
2011010333
```

在 users 表中查询出用户编号为上述记录的用户信息，语句为：

```
select *
from users
where userid in ('2011010330','2011010332','2011010333');
```

到此，任务就全部完成了。上面三个步骤结合在一起可以使用子查询一步完成，具体语句如下：

```
select *
from users
where userid in
(select userid from sale s,merchinfo m
where s.merchid=m.merchid and merchname='方便面');
```

或

```
select *
from users
where userid in
  (select userid from sale
   where merchid=
     (select merchid from merchinfo where merchname='方便面'));
```

查询结果如图 5-1-2 所示。

```
mysql> select *
    -> from users
    -> where userid in
    -> (select userid from sale s,merchinfo m
    -> where s.merchid=m.merchid and merchname='方便面');
+------------+----------+--------+-----------+
| Userid     | Username | Userpw | Userstyle |
+------------+----------+--------+-----------+
| 2011010330 | 张晓娟   | 547689 |         1 |
| 2011010332 | 张成峰   | 123456 |         1 |
| 2011010333 | 赵小霞   | 089764 |         1 |
+------------+----------+--------+-----------+
3 rows in set (0.00 sec)
```

图 5-1-2　使用返回结果为多行单列子查询的查询结果

当子查询的返回结果为多行单列数据记录时，子查询语句一般会在主查询语句的 where 子句中出现，通常会使用 in、any、all、exists 等关键字连接主查询和子查询，此任务中使用的是 IN 关键字，是集合成员测试子查询。

使用返回结果为单行多列的子查询查询与张成峰的用户类别 userstyle 和用户密码 userpw 完全一致的用户信息。

首先查询出张成峰的用户类别和用户密码，使用语句为：

```
select userstyle,userpw from users where username='张成峰';
```

得到如图 5-1-3 所示结果：

```
+-----------+--------+
| userstyle | userpw |
+-----------+--------+
|         1 | 123456 |
+-----------+--------+
1 row in set (0.00 sec)
```

图 5-1-3　查询张成峰的用户类别和用户密码

然后使用查询：

```
select * from users where (userstyle,
userpw)=(1,'123456');
```

得到如图 5-1-4 所示的结果：

```
mysql> select * from users where (userstyle,userpw)=(1,'123456');
+------------+----------+--------+-----------+
| userid     | username | userpw | userstyle |
+------------+----------+--------+-----------+
| 2011010332 | 张成峰   | 123456 |         1 |
| 20211103   | 依丽华   | 123456 |         1 |
+------------+----------+--------+-----------+
2 rows in set (0.00 sec)
```

图 5-1-4　查询用户类别为 1 和用户密码为 123456 的用户

即，完整的查询语句为：

```
select * from users where(userstyle,userpw)=(select userstyle,userpw from users where username='张成峰');
```

（3）使用返回结果为多行多列子查询查询无锡供应商供应的商品信息，要求查询结果列出商品编号（merchid）、商品名称（merchname）、供应商编号（provideid）、供应商名称（providename）和供应商电话（telephone）。

任务分析：商品信息表（merchinfo）中只有供应商编号（provideid），没有供应商名称（providename）和供应商电话（providephone），供应商信息表（provide）中有供应商名称（providename）和供应商电话（providephone）信息，此任务如果不要求使用子查询，可使用内连接查询，语句为：

```
select Merchid,Merchname,p.provideid,providename,providephone
from merchinfo m inner join provide p
on m.provideid=p.provideid
where p.provideaddress like '%无锡%';
```

可得到图 5-1-5 所示的查询结果。

```
mysql> select Merchid,Merchname,p.provideid,providename,providephone
    -> from merchinfo m inner join provide p
    -> on m.provideid=p.provideid
    -> where p.provideaddress like '%无锡%';
+------------+-----------+------------+------------------------+--------------+
| Merchid    | Merchname | provideid  | providename            | providephone |
+------------+-----------+------------+------------------------+--------------+
| S800312101 | QQ糖      | G200312105 | 正鑫食品有限公司       | 05108261345* |
| S800313106 | 西红柿    | G200312102 | 朝阳食品有限公司       | 05108270378* |
| S800408308 | 白糖      | G200312102 | 朝阳食品有限公司       | 05108270378* |
+------------+-----------+------------+------------------------+--------------+
3 rows in set (0.00 sec)
```

图 5-1-5　使用内连接查询无锡供应商供应的商品信息

如果要使返回结果为多行多列子查询，则子查询应为无锡供应商信息，包括供应商编号、供应商名称和供应商电话信息，查询语句为：

```
select provideid,providename,providephone
from provide
where provideaddress like '%无锡%';
```

此时子查询返回的多行多列结果可看作一个数据表，所以此任务的子查询应放在 from 子句中，具体查询语句为：

```
select Merchid,Merchname,p.provideid,providename,providephone
from merchinfo m inner join
(select provideid,providename,providephone
from provide
where provideaddress like '%无锡%') p
on m.provideid=p.provideid;
```

得到的查询结果仍然如图 5-1-5 所示。

需要注意的是子查询返回的多行多列结果被看作一个数据表是没有表名的，此时必须使用表别名，比如此任务语句中的“p”就是子查询返回结果的表别名。

问题思考一：返回结果为单行单列的子查询在使用时一般会放在主查询的什么子句中，使用什么运算符连接主、子查询？

返回结果为单行单列的子查询在使用时一般会放在主查询的 where 子句中，使用关系运算符连接主、子查询。

问题思考二：返回结果为多行多列的子查询在使用时一般会放在主查询的什么子句中？

返回结果为多行多列的子查询一般会放在主查询的 from 子句中。

学习结果评价

序号	评价内容	评价标准	评价结果（是 / 否）
1	知识与技能	正确分析子查询的返回结果的类型	□是　□否
		根据子查询返回结果的类型正确使用子查询	□是　□否
		正确区分子查询和连接查询	□是　□否
2	职业规范	输入命令是否注意大小写	□是　□否
		是否认真核实查询语句格式和要求	□是　□否
3	总　评	“是”与“否”在本次评价中所占百分比	“是”占______% “否”占______%

任务 5-2　使用集合成员测试子查询查询数据表

任务描述

能根据要求正确使用集合成员测试子查询查询数据表。

基础知识

集合成员测试子查询是通过 in 或 not in 与父查询进行连接的，用以判断某个属性字段值是否在子查询的结果中，子查询的结果是一个集合，即子查询返回结果是一个多行单列的数据集合或是一个多行多列的数据集合。如果是多行多列的数据集合，则设置成员测试查询条件时 in 或 not in 前面的多字段之间要使用半角逗号隔开，多字段整体要使用圆括号括起来。

任务实现

（一）操作条件

supermarket 数据库以及数据库内的七个数据表都已经创建好，并且每个数据表中都有完整的数据。

（二）安全及注意事项

注意任务要求中提出的查询要求，输入语句时不要弄错子查询所在位置以及所使用的运算符。

（三）操作过程

1. 使用子查询找出已经供应商品的供应商信息

任务要求查询已经供应商品的供应商信息，没有要求具体什么信息，所以主查询是查询供应商信息表（provide）的全部字段。已经供应商品的供应商编号应该是出现在商品信息表中的，所以子查询应该是查询商品信息表（merchinfo）中的供应商编号（provide）字段。由此可以得到如下语句：

```
select * from provide
where provideid in
 (select provideid from merchinfo);
```

查询结果如图 5-2-1 所示。

```
mysql> select * from provide
    -> where provideid in
    ->  (select provideid from merchinfo);
+------------+----------------------+--------------------------+--------------+
| provideid  | providename          | provideaddress           | providephone |
+------------+----------------------+--------------------------+--------------+
| G200312101 | 长春食品厂           | 吉林省长春市岭东路       | 04317845954* |
| G200312102 | 朝阳食品有限公司     | 江苏省无锡市南长区       | 05108270378* |
| G200312103 | 黑龙江食品厂         | 黑龙江省哈尔滨市         | 04514516547* |
| G200312105 | 正鑫食品有限公司     | 江苏省无锡市北塘区       | 05108261345* |
| G200312302 | 康元食品有限公司     | 江苏省                   | 05101234543* |
+------------+----------------------+--------------------------+--------------+
5 rows in set (0.00 sec)
```

图 5-2-1　使用子查询查询到的已经供应商品的供应商信息

2. 使用子查询查询出还未供应商品的供应商信息

此任务的要求条件与上一个任务正好相反，即主查询是查询供应商信息，子查询与上一任务要求相同，只是主查询的条件是供应商编号不在子查询结果中。由此可以得到如下查询语句：

```
select * from provide
where provideid not in
```

```
    (select provideid from merchinfo);
```

查询结果如图 5-2-2 所示。

```
mysql> select * from provide
    -> where provideid not in
    -> (select provideid from merchinfo);
+------------+--------------------------+----------------+--------------+
| provideid  | providename              | provideaddress | providephone |
+------------+--------------------------+----------------+--------------+
| G200312104 | 松原食品有限公司         | 江苏省江阴市   | 051051678093 |
| G200312201 | 兴隆纸品有限公司         | 上海市浦东     | 025889923410 |
| G200312301 | 宜兴紫砂厂               | 江苏省宜兴市   | 013859554456 |
| G200312305 | 富胜贸易有限公司         | NULL           | 076923077678 |
| G202105231 | 北京美时乐食品有限公司   | NULL           | 010-86661234 |
+------------+--------------------------+----------------+--------------+
5 rows in set (0.00 sec)
```

图 5-2-2　使用子查询查询到的未供应商品的供应商信息

问题思考：使用集合成员测试子查询时，子查询一般会放在什么子句中？

一般会放在 where 子句中作为查询条件。

学习结果评价

序号	评价内容	评价标准	评价结果（是 / 否）
1	知识与技能	按要求正确使用 NOT IN 或 IN 运算符连接主、子查询	□是　□否
		按要求正确分析子查询返回结果是否属于多行单列	□是　□否
2	职业规范	输入命令是否注意大小写	□是　□否
		是否在查询前后对比条件表达式的使用情况	□是　□否
3	总　评	“是”与“否”在本次评价中所占百分比	“是”占＿＿＿＿% “否”占＿＿＿＿%

任务 5-3　使用存在性测试子查询查询数据表

任务描述

能根据要求正确使用存在性测试子查询查询数据表。

基础知识

视频 存在性测试子查询

（1）存在性测试子查询中，父查询用到的表如果与子查询用到的表不同，要在查询语句中建立两个表的参照关系。

（2）存在性测试子查询使用 exists 关键字连接主、子查询，表示存在性测试，其中 exists 关键字后面可以跟任意一类子查询，返回一个布尔类型的结果，如果子查询返回至少一条记录，则 exists 测试的结果为真，外层查询将被执行。

（3）exists 测试可以使用表示否定的 not exists 形式，作用正好相反。

任务实现

（一）操作条件

supermarket 数据库以及数据库内的七个数据表都已经创建好，并且每个数据表中都有完整的数据。

（二）安全及注意事项

注意任务要求中提出的查询要求，输入语句时不要弄错子查询所在位置以及所使用的关键字。

（三）操作过程

（1）使用存在性测试子查询找出已供应商品的供应商信息。

根据任务要求可知此任务只要在商品信息表中存在相关的供应商编号，就能够查询出这些供应商的信息。父查询用到的表如果与子查询用到的表不同，要在查询语句中建立两个表的参照关系，则任务要求的查询语句为：

```
select *
from provide  p
where exists
(select provideid from merchinfo m
 where p.provideid=m.provideid);
```

查询结果如图 5-3-1 所示。

```
mysql> select *
    -> from provide  p
    -> where exists
    -> (select provideid from merchinfo m where p.provideid=m.provideid);
+------------+------------------------+-------------------------------+--------------+
| provideid  | providename            | provideaddress                | providephone |
+------------+------------------------+-------------------------------+--------------+
| G200312101 | 长春食品厂             | 吉林省长春市岭东路            | 04317845954* |
| G200312102 | 朝阳食品有限公司       | 江苏省无锡市南长区            | 05108270378* |
| G200312103 | 黑龙江食品厂           | 黑龙江省哈尔滨市              | 04514516547* |
| G200312105 | 正鑫食品有限公司       | 江苏省无锡市北塘区            | 05108261345* |
| G200312302 | 康元食品有限公司       | 江苏省                        | 05101234543* |
+------------+------------------------+-------------------------------+--------------+
5 rows in set (0.00 sec)
```

图 5-3-1　使用存在性测试子查询查询的已供应商品的供应商信息

（2）查询商品信息表 merchinfo 中是否存在商品价格（merchprice）高于 20 元的商品，如果不存在，则查询供应商信息表（provide）中所有记录。

任务要求只要不存在商品价格高于 20 元的商品信息，就查询供应商信息表中所有记录，没有要求是已经供应商品的，还是还未供应商品的。由此可知，主查询就是查询 provide 表中所有记录，子查询就是查询 merchprice>20 的商品信息，如果子查询的返回结果至少有一条，就无法执行主查询语句。根据分析可得到如下查询语句：

```
select *
from provide
where not exists
(select * from merchinfo
where merchprice>20);
```

图 5-3-2　使用否定的存在性测试子查询的查询结果

查询结果如图 5-3-2 所示。

这个查询结果说明有价格高于 20 元的商品存在，所以无法查看到供应商信息。

问题思考：存在性测试子查询中的关键字 exists 一般出现在主查询的哪个子句中?

where 子句中。

学习结果评价

序号	评价内容	评价标准	评价结果（是 / 否）
1	知识与技能	按要求正确使用存在性测试子查询的关键字 EXISTS 和 NOT EXISTS	□是　□否
		按要求正确判断子查询的返回结果	□是　□否
2	职业规范	输入命令是否注意大小写	□是　□否
		是否在查询前后做对比	□是　□否
3	总　评	“是”与“否”在本次评价中所占百分比	“是”占______% “否”占______%

任务 5-4　使用比较测试子查询查询数据表

任务描述

能根据要求正确使用比较测试子查询查询一个或多个数据表。

基础知识

（1）比较测试子查询，根据子查询结果值的数量不同又可分为单值比较测试子查询和批量比较测试子查询。

（2）单值比较测试子查询的返回结果是一个单行单列的数据，通过比较运算符将主查询和子查询连接起来。

（3）批量比较测试子查询的返回结果是一个多行单列的数据，与集合成员测试子查询有相似的地方，也有不同。

（4）在批量比较测试子查询中，需要用到关键字 any 和 all，这两个关键字与比较运算符的常见组合有：

>any：大于子查询结果集中的最小值。

<any：小于子查询结果集中的最大值。

=any：等于子查询结果集中的任一值，等价于 in 运算符。

>all：大于子查询结果集中的最大值。

<all：小于子查询结果集中的最小值。

任务实现

（一）操作条件

supermarket 数据库以及数据库内的七个数据表都已经创建好，并且每个数据表中都有完整的数据。

（二）安全及注意事项

注意任务要求中提出的比较条件与子查询返回结果的关系，不要弄错关键字和比较运算符。

（三）操作过程

视频

认识子查询

（1）使用子查询查询出由“黑龙江食品厂”供货的商品信息。

根据任务要求可知主查询是查询商品信息表（merchinfo）的商品信息，子查询是查询供应商信息表（provide）中的名称为“黑龙江食品厂”的供应商编号，主查询的条件就是商品信息表中供应商编号与子查询返回的供应商编号相等，由此可以得到如下语句：

```
select * from merchinfo
where provideid=(
  select provideid from provide
  where providename='黑龙江食品厂');
```

查询结果如图 5-4-1 所示。

```
mysql> select * from merchinfo
    -> where provideid=(
    -> select provideid from provide
    -> where providename='黑龙江食品厂');
+------------+-----------+------------+-----------+----------+------------+---------+------------+
| merchid    | merchname | merchprice | spec      | merchnum | cautionnum | plannum | provideid  |
+------------+-----------+------------+-----------+----------+------------+---------+------------+
| S690180880 | 杏仁露    |        3.3 | 12厅/箱   |       50 |          2 |      50 | G200312103 |
| S800408309 | 胡萝卜    |        2.5 | 20斤/箱   |       20 |          1 |      15 | G200312103 |
+------------+-----------+------------+-----------+----------+------------+---------+------------+
2 rows in set (0.00 sec)
```

图 5-4-1　使用子查询查询的黑龙江食品厂供应的商品信息

此时的子查询返回结果是单行单列数据，此任务所做的就是单值比较测试子查询。这类的子查询需要使用比较运算符作为主查询的查询条件，放在主查询的 WHERE 子句中。

（2）使用子查询在商品信息表（merchinfo）中查询出所有高于平均商品价格的商品信息。

根据任务要求可知主查询需要查询的是商品信息，子查询需要查询的是商品信息表中平均商品价格，主查询的条件就是商品价格高于子查询的返回值，具体语句如下：

```
select * from merchinfo
where merchprice>(
select avg(merchprice) from merchinfo);
```

查询结果如图 5-4-2 所示。

```
mysql> select * from merchinfo
    -> where merchprice>(
    -> select avg(merchprice) from merchinfo);
+------------+--------------+------------+-----------+----------+-------------+---------+------------+
| Merchid    | Merchname    | merchprice | Spec      | Merchnum | Cautionnum  | Plannum | Provideid  |
+------------+--------------+------------+-----------+----------+-------------+---------+------------+
| S800312101 | QQ糖         |         12 | 10粒/袋   |      500 |          10 |     100 | G200312105 |
| S800313106 | 西红柿       |       22.4 | 30个/箱   |       50 |           5 |      20 | G200312102 |
| S800408101 | 方便面       |         29 | 20袋/箱   |       50 |           5 |      30 | G200312101 |
| S700120103 | 抹茶西饼     |         20 | 300克     |       50 |           5 |      50 | G200312302 |
+------------+--------------+------------+-----------+----------+-------------+---------+------------+
4 rows in set (0.00 sec)
```

图 5-4-2　使用子查询查询的商品价格高于平均价格的商品信息

此时子查询返回的也是单行单列数据，主查询的查询条件是商品价格大于子查询求得的平均商品价格，即子查询的返回值。

视 频

多值比较测试子查询

（3）在交易信息表（dealing）中查询交易价格（dealingprice）大于会员“1002300013”的所有交易价格的交易信息。

分析任务：任务要求查询的是比会员“1002300013”的每条交易记录的交易价格都高的交易信息，此时应该用到 ALL 关键字才能够满足该条件。查询语句如下：

```
select *
from dealing
where dealingprice>ALL
(select dealingprice from dealing
where memberid='1002300013')
```

查询结果如图 5-4-3 所示。

```
mysql> select *
    -> from dealing
    -> where dealingprice>ALL
    -> (select dealingprice from dealing
    -> where memberid='1002300013');
+-----------+--------------+---------------------+------------+------------+
| dealingid | Dealingprice | Dealingdate         | Memberid   | userid     |
+-----------+--------------+---------------------+------------+------------+
|         2 |         87.5 | 2011-01-25 00:00:00 | 1002300018 | 2011010330 |
|         4 |          200 | 2011-01-30 00:00:00 | 1002300012 | 2011010332 |
|         5 |         87.5 | 2011-01-31 00:00:00 | 1002300014 | 2011010333 |
|         6 |          175 | 2011-01-31 00:00:00 | 1002300012 | 2011010330 |
|         7 |         97.5 | 2011-02-10 00:00:00 | 1002300018 | 2011010331 |
|         9 |          200 | 2011-02-19 00:00:00 | 1002300018 | 2011010333 |
+-----------+--------------+---------------------+------------+------------+
6 rows in set (0.00 sec)
```

图 5-4-3　使用子查询查询高于编号为“1002300013”的所有交易价格的交易信息

此任务中子查询的返回结果是多行单列数据，要想在主查询中设置满足任务要求的条件，需要使用关系运算符“>”和 all 关键字，是典型的批量比较测试子查询。

（4）查询商品信息表（merchinfo）中的商品编号（merchid）、商品名称（merchname）、商品价格（merchprice），要求这些商品的价格不低于供应商编号（provideid）为 G200312302 的商品价格。

根据任务要求主查询是查询 merchinfo 表中的 merchid、merchname、merchprice 三个字段内容，条件要求 merchprice 不低于（也就是大于或等于）provideid 为 G200312302 的商品价格中的最小值即可，结合基础知识的相关内容，可以得到如下查询语句：

```
select merchid,merchname,merchprice
from merchinfo
where merchprice>=any(
  select merchprice from merchinfo
  where provideid='G200312302');
```

查询结果如图 5-4-4 所示。

```
mysql> select merchid,merchname,merchprice
    -> from merchinfo
    -> where merchprice>=any(
    -> select merchprice from merchinfo
    -> where provideid='G200312302');
+------------+--------------+------------+
| merchid    | merchname    | merchprice |
+------------+--------------+------------+
| S800312101 | QQ糖         |         12 |
| S800313106 | 西红柿       |       22.4 |
| S800408101 | 方便面       |         29 |
| S700120101 | 提子饼干     |        7.8 |
| S700120102 | 老面包       |          5 |
| S700120103 | 抹茶西饼     |         20 |
+------------+--------------+------------+
6 rows in set (0.00 sec)
```

图 5-4-4　查询商品价格不低于 G200312302 供货的商品的最低价格的商品信息

此时子查询的返回结果是一个多行单列数据，是供应商编号为 G200312302 的商品价格，这个结果集中只要有一条记录小于或等于商品信息表中的商品价格，就表示主查询条件满足。此处使用了批量比较测试子查询中常用的组合“>=any”。

问题思考：查询商品信息表中高于 G200312302 供应的商品价格的商品信息该使用什么关键字？

此时应该使用 all 关键字，因为问题要求是高于 G200312302 提供的商品价格，那就必须设置商品价格满足“>all”组合，简单理解就是商品价格要大于 G200312302 提供的所有商品价格。

学习结果评价

序号	评价内容	评价标准	评价结果（是 / 否）
1	知识与技能	按要求正确使用单值比较测试子查询	□是　□否
		按要求正确使用批量比较测试子查询	□是　□否
2	职业规范	输入命令是否注意大小写	□是　□否
		是否在查询前后对比条件表达式的使用情况	□是　□否
3	总　评	“是”与“否”在本次评价中所占百分比	“是”占______% “否”占______%

任务 5-5　实践训练——子查询的使用

实训目的

1. 学会使用子查询查询表中数据。
2. 能够区分多表连接查询和子查询的使用。

实训准备

1. 数据库 pxbgl 和数据库中七个数据表已经创建好，且每个表中都有完整的数据。
2. 认真阅读实训内容，学习实训所需知识和技能。

实训任务

使用 SQL 语句完成以下数据查询任务。

1. 使用子查询查询 pxbgl 数据库中的请假表（sleave）和学员信息表（student_info），列出请假学员的学员编号（student_id）、学员姓名（student_name）和学员电话（telephone）。

2. 使用子查询查询 pxbgl 数据库中的交费表（pay_info）和操作员信息表（user_info），找出用户名为张三的用户经手的交费信息，要求查询结果列出学员编号（student_id）、学员姓名（student_name）、已交费用（current_price）和用户编号（user_id）。

3. 使用子查询查询 2010 年 9 月 2 日入学的学员所选课程名称和课时数。（提示：此处需要三重子查询，最里面一重是查询学员信息表（student_info）2010 年 9 月 2 日入学的学员编号（student_id），中间一重是查询学号对应的选课表（course_selection）中的课程编号（course_id），最外一重是查询课程信息表（course_info）中的课程名称（course_name）和学时数（perior）。

4. 使用集合成员测试子查询查询 pxbgl 数据库中的选课表（course_selection）和课程信息表（course_info），查询姓名为“张林”的学员选课的课程信息，要求列出课程名称（course_

name）、课程学费（tuition）。

5. 使用存在性测试子查询查询 pxbgl 数据库中的欠费信息表（arrearage），如果存在欠费的同学，就查询交费表（pay_info）中的交费信息。

6. 使用存在性测试子查询查询 pxbgl 数据库中的请假表（sleave），如果有请假的学员，查询出请假学员的具体信息，包括学员姓名（student_name）、学员性别（sex）和联系电话（telephone）。

7. 使用比较测试子查询查询 pxbgl 数据库中的交费表（pay_info），列出欠费金额大于平均值的交费信息，要求查询结果列出学员编号（student_id）、学员姓名（student_name）、已交费用（current_price）和欠费金额（arrearage）。

8. 使用比较测试子查询查询 pxbgl 数据库中的交费表（pay_info），列出比 1 号用户（user_id）经手的所有已交费用都高的交费信息，要求结果列出学员编号（student_id）、学员姓名（student_name）和已交费用（current_price）。

实训提示

1. 使用子查询查询 pxbgl 数据库中的请假表（sleave）和学生信息表（student_info），列出请假学员的学员编号（student_id）、学员姓名（student_name）和学员电话（telephone）。

提示：根据任务要求可知这是集合成员测试子查询，子查询作为条件子句中的条件内容。参考命令为：

```
select student_id,student_name,telephone
from student_info
where student_id in(select student_id from sleave);
```

2. 使用子查询查询 pxbgl 数据库中的交易表（pay_info）和操作员信息表（user_info），找出用户名为张三的用户经手的交费信息，要求查询结果列出学员编号（student_id）、学员姓名（student_name）、已交费用（current_price）和用户编号（user_id）。

提示：子查询返回结果是单行单列，与主查询可通过关系运算符连接。参考命令为：

```
select student_id,student_name,current_price,user_id
from pay_info
where user_id=(
  select user_id from user_info
  where user_name='张三');
```

3. 使用子查询查询 2010 年 9 月 2 日入学的学员所选课程名称和课时数。

提示：与任务 1 类同。参考命令为：

```
select course_name,perior
from course_info c
where c.course_id in
```

```
  (select s.course_id from course_selection s where s.student_id in
  (select st.student_id from student_info st where entrance_time ='2010-9-2')
  );
```

4. 使用集合成员测试子查询查询 pxbgl 数据库中的选课表（course_selection）和课程信息表（course_info），查询姓名为“张林”的学员选课的课程信息，要求列出课程名称（course_name）、课程学费（tuition）。

提示：参考任务 3。参考命令为：

```
select course_name,tuition
from course_info
where course_id in(
  select course_id
  from course_selection
  where student_name='张林'
);
```

5. 使用存在性测试子查询查询 pxbgl 数据库中的欠费信息标（arrearage），如果存在欠费的同学，就查询交费表（pay_info）中的交费信息。

提示：最简单的存在性测试子查询，没有特殊要求。参考命令为：

```
select * from pay_info
where exists
(select * from arrearage
  where arrears_total>0);
```

6. 使用存在性测试子查询查询 pxbgl 数据库中的请假表（sleave），如果有请假的学员，查询出请假学员的具体信息，包括学员姓名（student_name）、学员性别（sex）和联系电话（telephone）。

提示：存在性测试子查询中如果内外涉及不同的表，要注意参照关系的设置。参考命令为：

```
select student_name,sex,telephone
from student_info
where exists
  (select * from sleave
    where sleave.student_id=student_info.student_id);
```

7. 使用比较测试子查询查询 pxbgl 数据库中的交费表（pay_info），列出欠费金额大于平均值的交费信息，要求查询结果列出学员编号（student_id）、学员姓名（student_name）、已交费用（current_price）和欠费金额（arrearage）。

提示：参考任务 2，子查询返回单行单列。参考命令为：

```
select student_id,student_name,current_price,arrearage
from pay_info where arrearage>
```

```
(select avg(arrearage)
from pay_info);
```

8. 使用比较测试子查询查询 pxbgl 数据库中的交费表（pay_info），列出比 1 号用户（user_id）经手的所有已交费用都高的交费信息，要求结果列出学员编号（student_id）、学员姓名（student_name）和已交费用（current_price）。

提示：比较测试子查询返回多行单列，要注意条件要求使用 all 还是 any 关键字。参考命令为：

```
select student_id,student_name,current_price
from pay_info
where current_price>all(
  select current_price from pay_info
  where user_id=1);
```

实训报告要求：

1. 结合实训提示，将实训过程中进行的各项工作和步骤记录在实训报告上。
2. 将实训过程中遇到的问题记录下来，结合具体的操作撰写实训心得体会。

实训结果评价

序号	评价内容	评价标准	评价结果（是/否）
1	知识与技能	成功按照要求使用比较测试子查询查询单表或多表	□是　□否
		成功按照要求使用集合成员测试子查询查询单表或多表	□是　□否
		成功按照要求使用存在性测试子查询查询单表或多表	□是　□否
		能够正确区分子查询和多表连接查询	□是　□否
2	职业规范	命令中大小写统一	□是　□否
		文档格式规范	□是　□否
3	总　评	“是”与“否”在本次评价中所占百分比	“是”占________% “否”占________%

工作任务 6 使用索引提高数据查询效率

学习目标

（1）能按要求在所需要的表中创建索引。

（2）能按要求删除索引。

素质目标

（1）通过线上同名课程的预习，培养借助网络平台搜索信息、学习新知识的能力。

（2）通过对索引知识和技能的学习，有意识培养创新意识和创新精神。

（3）通过学习新知识新技能时的反复练习和训练，培养工匠精神。

最终目标

能根据提供的要求在所需要的表中创建或删除索引。

任务 6-1 创建和查看索引

任务描述

能够按要求在所需要的表中正确创建索引并会查看索引信息。

基础知识

（1）索引的含义。为提高数据库查询效率，加快排序和分组操作，从而提高系统性能，可通过创建索引实现上述目标。索引是单独的、物理的数据库结构，它依赖于表的建立。索引与数据库的关系可比作一本书的目录与正文内容之间的关系：每本书都有目录，可通过目录查找书中内容，同样，数据库都有索引，通过索引也可以查找数据库中的数据。

（2）索引的分类。MySQL 支持六种索引：普通索引、唯一索引、全文索引、单列索引、多列索引和空间索引。

普通索引是指在创建索引时不附加任何限制条件，比如唯一、非空等限制。普通索引可以创建在任何数据类型的字段上。

唯一索引是指在创建索引时，限制索引的值必须是唯一的。通过唯一索引可以更快速地查询某条记录。

全文索引是指关联在数据类型为 char、varchar 和 text 的字段上，以便能够更加快速地查询数据量较大的字符串类型的字段。

单列索引是指在创建索引时，所关联的字段只有一个。

多列索引是指在创建索引时，所关联的字段不只一个，而是多个字段。只有查询条件中使用了所关联字段中的第一个字段，多列索引才会被使用。

空间索引是用于提升空间搜索效率使用的索引。

（3）索引的优缺点：

索引的优点是提高查询数据的速度；

索引的缺点是创建和维护索引需要耗费时间，过多的索引还会占据许多存储空间。

（4）适合创建索引的情况。经常被查询的字段，即 where 子句中出现的字段；在分组的字段，即在 group by 子句中出现的字段；存在依赖关系的子表和父表之间的连接查询，即主键与外键字段；设置唯一完整性约束的字段。

（5）虽然索引有不同种类，但是索引的创建一般都分为三种情况：创建表时创建索引；在已经存在的表上使用 create index 命令创建索引；使用 alter table 命令修改已经存在的表的结构时创建索引。

任务实现

（一）操作条件

supermarket 数据库以及数据库内的七个数据表都已经创建好，并且每个数据表中都有完整的数据。

（二）安全及注意事项

（1）注意任务要求中提出的创建索引的要求是在创建表的同时直接创建索引还是在已经存在的表上创建索引。

（2）注意创建索引是单列索引还是多列索引。

（三）操作过程

1. 创建表的时候创建索引

创建表时可以直接创建索引，这种方式简单方便，具体语法格式为：

```
create table {tablename}(
{column name} {datatype}[constraint],
```

```
…,
[unique|fulltext|spatial] index|key
[index name]({column name}[(length)] [asc|desc],…));
```

此处 unique 表示创建的是唯一索引，fulltext 表示创建的是全文索引，spatial 表示创建的是空间索引。

例如：在 supermarket 数据库中创建一个名为 newusers 的数据表，字段要求见表 6-1-1。在创建表时在用户姓名（username）字段上创建唯一索引，索引名为 index_name。

表 6-1-1　newusers 表的字段要求

字　段　名	字段数据类型	是否可以为空
userid	varchar(10)	NO
username	varchar(25)	NO
userpw	varchar(50)	NO
userstyle	tinyint(4)	YES

参照语句的语法格式，可以得到如下语句：

```
create table newusers(
userid varchar(10) not null,
username varchar(25) not null,
userpw varchar(50) not null,
userstyle tinyint(4),
unique index index_name(username)
);
```

出现如图 6-1-1 所示的运行结果，表示创建索引成功。

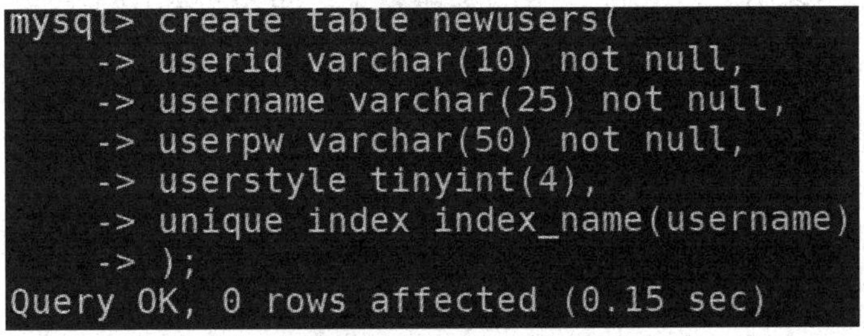
```
mysql> create table newusers(
    -> userid varchar(10) not null,
    -> username varchar(25) not null,
    -> userpw varchar(50) not null,
    -> userstyle tinyint(4),
    -> unique index index_name(username)
    -> );
Query OK, 0 rows affected (0.15 sec)
```

视　频

创建表同时创建索引

图 6-1-1　创建 newusers 表时在 username 字段上创建索引 index_name

创建索引后可以使用 show index 命令来列出表中相关的索引信息，具体格式为：

```
show index from {tablename} [\G]|;
```

此处的“\G”用来格式化输出信息，表示将行转换成列显示，使用“\G”，不需要再使用“;”。

若想查看刚刚创建的 newusers 表中的索引信息，可使用如下语句：

```
show index from newusers \G
```

得到如图 6-1-2 所示的索引信息。

```
mysql> show index from newusers \G;
*************************** 1. row ***************************
        Table: newusers
   Non_unique: 0
     Key_name: index_name
 Seq_in_index: 1
  Column_name: username
    Collation: A
  Cardinality: 0
     Sub_part: NULL
       Packed: NULL
         Null: 
   Index_type: BTREE
      Comment: 
Index_comment: 
1 row in set (0.00 sec)
```

图 6-1-2　显示 newusers 表中的索引信息

2. 在已经存在的表上使用 create index 创建索引

在已经存在的表上可以直接为表上的一个或多个字段创建索引，语句的具体语法格式为：

```
create [unique|fulltext|spatial] index {index name}
on {table name}({column name}[(length)] [asc|desc],…);
```

关键字的含义与创建表时创建索引时相同，不再赘述。

例如：在 supermarket 数据库的 merchinfo 表的 merchname 字段上创建一个名为 index_mname 的唯一索引。

此处只说创建唯一索引，没有说索引的排序要求，也没说索引字段的长度要求，参照语句的语法格式，可以得到如下语句：

```
create unique index index_mname
on merchinfo(merchname);
```

视频

create index
创建索引

出现图 6-1-3 所示的运行结果，表示成功在已经存在的 merchinfo 表的 merchname 字段上创建了唯一索引。

```
mysql> create unique index index_mname
    -> on merchinfo(merchname);
Query OK, 0 rows affected (2.24 sec)
Records: 0  Duplicates: 0  Warnings: 0
```

图 6-1-3　在 merchinfo 表的 merchname 字段上成功创建唯一索引

使用 show index from merchinfo \G; 可以得到图 6-1-4 所示的索引信息。

```
mysql> show index from merchinfo \G;
*************************** 1. row **************
        Table: merchinfo
   Non_unique: 0
     Key_name: index_mname
 Seq_in_index: 1
  Column_name: Merchname
    Collation: A
  Cardinality: 9
     Sub_part: NULL
       Packed: NULL
         Null:
   Index_type: BTREE
      Comment:
Index_comment:
1 row in set (0.00 sec)
```

图 6-1-4　显示 merchinfo 表的索引信息

3. 在已经存在的表上使用 alter table 创建索引

视 频

alter table 创建索引

在已经存在的表上可以使用修改表结构的方式为表中的一个或多个字段创建索引，即使用 alter table 创建索引，具体语法格式为：

```
alter table {table name}
add [unique|fulltext|spatial] index|key {index name}
({column name}[(length)] [asc|desc],…);
```

例如：在 supermarket 数据库的 provide 表的 provideid 字段上创建一个名为 index_id 的唯一索引，要求 provideid 按降序排序。

结合语句的语法格式，可以得到如下语句：

```
alter table provide
add unique index index_id
(provideid desc);
```

出现图 6-1-5 所示的运行结果，表示已经成功在 provide 表的 provideid 字段上创建唯一索引。

```
mysql> alter table provide
    -> add unique index index_id
    -> (provideid desc);
Query OK, 0 rows affected (0.54 sec)
Records: 0  Duplicates: 0  Warnings: 0
```

图 6-1-5　在 provide 表的 provideid 字段上成功创建唯一索引

使用 show index from provide \G; 可以查看 provide 表上的索引信息，得到图 6-1-6 所示的显示结果。

```
mysql> show index from provide \G;
*************************** 1. row ***************
        Table: provide
   Non_unique: 0
     Key_name: index_id
 Seq_in_index: 1
  Column_name: provideid
    Collation: A
  Cardinality: 10
     Sub_part: NULL
       Packed: NULL
         Null:
   Index_type: BTREE
      Comment:
Index_comment:
1 row in set (0.00 sec)
```

图 6-1-6　显示 provide 表的索引信息

问题思考：多个单列索引和多列索引是一回事吗?

不是。单列索引关联的是一个字段，而多列索引关联的是多个字段。

学习结果评价

序号	评价内容	评价标准	评价结果（是/否）
1	知识与技能	正确使用 create table 在创建表时创建索引	□是　□否
		按照要求正确使用相应的语句格式在已存在表上创建索引	□是　□否
		正确查看指定表的索引信息	□是　□否
2	职业规范	输入命令是否注意大小写	□是　□否
		是否认真对照创建索引前后的查询效率	□是　□否
3	总　评	“是”与“否”在本次评价中所占百分比	“是”占_______% “否”占_______%

任务 6-2　删除索引

任务描述

能根据要求正确地从指定数据表中删除指定索引。

基础知识

（1）删除索引是指删除数据表中已经存在的索引，以提升表的更新速度。

（2）删除索引可以直接使用 drop index 语句完成，也可以使用 alter table 语句完成，具体格式如下：

```
drop index {index name}
on {table name};
```

或：

```
alter table {table name}
drop index {index name};
```

任务实现

（一）操作条件

supermarket 数据库以及数据库内的七个数据表都已经创建好，并且每个数据表中都有完整的数据。

（二）安全及注意事项

注意任务要求中提出的删除索引的要求。

（三）操作过程

视 频

删除索引

（1）删除 supermarket 数据库的 newusers 表中的 index_name 索引。

结合语句的语法格式，可以得到如下语句：

```
drop index index_name on newusers;
```

或：

```
alter table newusers drop index index_name;
```

得到图 6-2-1 所示的执行结果。

```
mysql> drop index index_name on newusers;
Query OK, 0 rows affected (0.13 sec)
Records: 0  Duplicates: 0  Warnings: 0
```

```
mysql> alter table newusers drop index index_name;
Query OK, 0 rows affected (0.20 sec)
Records: 0  Duplicates: 0  Warnings: 0
```

图 6-2-1　删除索引 index_name 的执行结果

（2）删除 supermarket 数据库的 provide 表中的 index_id 索引。

在执行删除索引语句之前，可使用 explain 命令查看要被删除的索引是否生效，然后再进行删除。

explain 命令的格式如下：

```
explain select {column name list} from {table name} [where condition];
```

例如，要查看此任务中要被删除的 index_id 索引是否生效，就可以使用如下语句：

```
explain select * from provide where provideid='G200312103' \G
```

查看 index_id 索引是否生效，具体结果如图 6-2-2 所示。

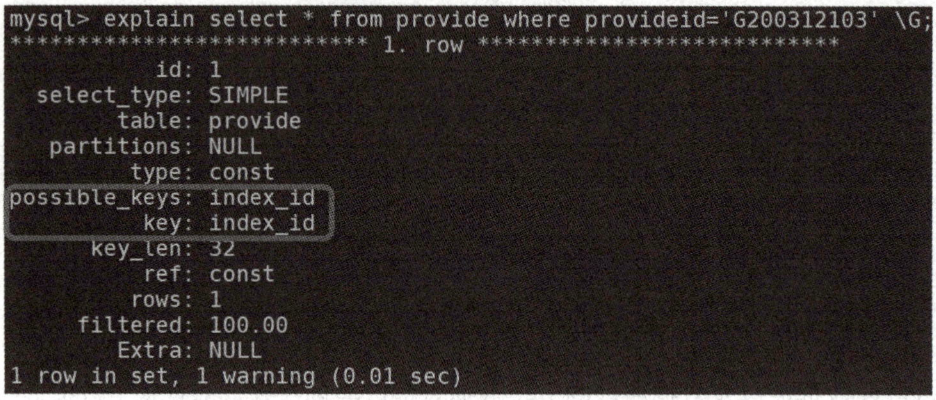

```
mysql> explain select * from provide where provideid='G200312103' \G;
*************************** 1. row ***************************
           id: 1
  select_type: SIMPLE
        table: provide
   partitions: NULL
         type: const
possible_keys: index_id
          key: index_id
      key_len: 32
          ref: const
         rows: 1
     filtered: 100.00
        Extra: NULL
1 row in set, 1 warning (0.01 sec)
```

图 6-2-2　查看 provide 表的 index_id 索引是否生效

从图 6-2-2 中的划线部分可以看到 possible_keys 和 key 字段处的值都是所创建的索引名 index_id，说明该索引已经存在，而且已经开始启用。

结合语句的语法格式，可得到如下删除索引 index_id 的语句：

```
drop index index_id on provide;
```

或：

```
alter table provide drop index index_id;
```

执行后可得到图 6-2-3 所示的运行结果。

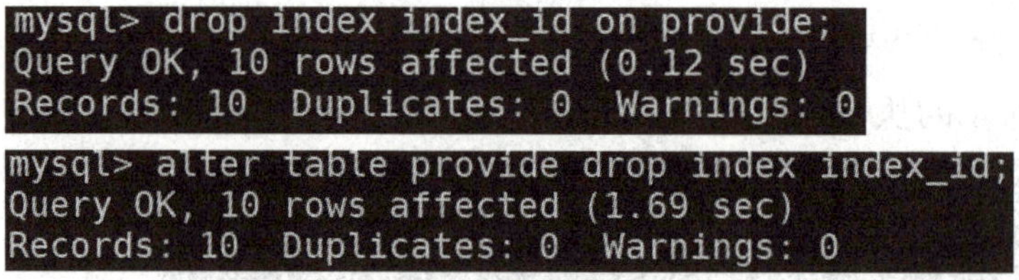

```
mysql> drop index index_id on provide;
Query OK, 10 rows affected (0.12 sec)
Records: 10  Duplicates: 0  Warnings: 0

mysql> alter table provide drop index index_id;
Query OK, 10 rows affected (1.69 sec)
Records: 10  Duplicates: 0  Warnings: 0
```

图 6-2-3　删除 index_id 索引的执行结果

学习结果评价

序号	评价内容	评价标准	评价结果（是/否）
1	知识与技能	按要求正确使用 drop index 语句删除指定索引	□是　□否
		按要求正确使用 alter table 语句删除指定索引	□是　□否
2	职业规范	输入命令是否注意大小写	□是　□否
		是否认真对照删除索引前后的查询效率	□是　□否
3	总　评	“是”与“否”在本次评价中所占百分比	“是”占______% “否”占______%

任务 6-3　实践训练——索引的创建与删除

实训目的

学会按要求创建索引和删除索引。

实训准备

1. 数据库 pxbgl 和数据库中七个数据表已经创建好，且每个表中都有完整的数据。
2. 认真阅读实训内容，学习实训所需知识和技能。

实训任务

使用 SQL 语句完成以下创建索引和删除索引的任务。

1. 在 pxbgl 数据库中创建 teacher_info 表，表中包含字段如下：teacher_id，6 位字符型；teacher_name，10 位可变长字符型；gender，1 位字符型；title，10 位可变长字符型；birth，日期型。要求创建表时在 teacher_name 字段上创建一个名为 index_name 的普通索引。

2. 在 pxbgl 数据库中交费表（pay_info）的 memo 字段上创建一个名为 index_mem 的全文索引，要求使用 create index 命令。

3. 在 pxbgl 数据库中选课表（course_selection）的 student_id 和 course_id 字段上创建一个名为 index_id 的多列索引，要求使用 alter table 命令。

4. 删除 pxbgl 数据库的教师信息表（teacher_info）的名为 index_name 的普通索引。

5. 查看 pxbgl 数据库中交费表（pay_info）的 memo 字段上名为 index_mem 的全文索引是否生效。

6. 删除 pxbgl 数据库中选课表（course_selection）中名为 index_id 的多列索引。

实训提示

1. 在 pxbgl 数据库中创建 teacher_info 表，表中包含字段如下：teacher_id，6 位字符型；teacher_name，10 位可变长字符型；gender，1 位字符型；title，10 位可变长字符型；birth，日期型。要求创建表时在 teacher_name 字段上创建一个名为 index_name 的普通索引。

提示：此处要求创建表的同时创建索引，则使用 create table 命令时直接在字段后面写清索引类别、索引名称以及索引作用的字段。参考命令为：

```
create table teacher_info(
teacher_id char(6),
teacher_name varchar(10),
gender char(1),
```

```
    title varchar(10),
    birth date,
    index index_name(teacher_name));
```

2. 在 pxbgl 数据库中交费表（pay_info）的 memo 字段上创建一个名为 index_mem 的全文索引，要求使用 create index 命令。

提示：在已经存在的表上创建索引有两种方式，此处要求使用 create index 命令完成。参考命令为：

```
create fulltext index index_mem
on pay_info(memo);
```

3. 在 pxbgl 数据库中选课表（course_selection）的 student_id 和 course_id 字段上创建一个名为 index_id 的多列索引，要求使用 alter table 命令。

提示：在已经存在的表上创建索引，也可使用修改表定义的方式进行，此时使用的命令是 alter table。参考命令为：

```
alter table course_selection
add index index_id(student_id,course_id);
```

4. 删除 pxbgl 数据库的教师信息表（teacher_info）的名为 index_name 的普通索引。

提示：删除索引有两种方式，此处要注意索引是依赖表存在的。参考命令为：

```
drop index index_name on teacher_info;
```

或：

```
alter table teacher_info drop index index_name;
```

5. 查看 pxbgl 数据库中交费表（pay_info）的 memo 字段上名为 index_mem 的全文索引是否生效。

提示：explain 命令用于查看索引是否生效。参考命令为：

```
explain select * from pay_info where memo is not null \G|;
```

6. 删除 pxbgl 数据库中选课表 course_selection 中名为 index_id 的多列索引。

提示：与任务 4 类似。参考命令为：

```
drop index index_id on course_selection;
```

或：

```
alter table course_selection drop index index_id;
```

实训报告要求：

1. 结合实训提示，将实训过程中进行的各项工作和步骤记录在实训报告上。
2. 将实训过程中遇到的问题记录下来，结合具体的操作撰写实训心得体会。

实训结果评价

序号	评价内容	评价标准	评价结果（是 / 否）
1	知识与技能	成功按照要求在创建表的同时创建索引	□是　□否
		成功按照要求在已经存在的表上创建索引	□是　□否
		成功按照要求删除索引	□是　□否
		能够正确使用 explain 命令查看索引是否有效	□是　□否
2	职业规范	命令中大小写统一	□是　□否
		文档格式规范	□是　□否
3	总　评	“是”与“否”在本次评价中所占百分比	“是”占________% “否”占________%

工作任务 7 使用视图提高复杂查询语句的复用性

学习目标

（1）能熟练使用 SQL 语句创建视图。
（2）能熟练使用视图进行数据查询，将查询语句与视图很好地结合。
（3）能通过视图对数据表中的数据进行修改。

素质目标

（1）通过线上同名课程的预习，培养借助网络平台搜索信息、学习新知识的能力。
（2）通过对视图知识和技能的学习，有意识培养创新意识和创新精神。
（3）通过学习新知识新技能时的反复练习和训练，培养工匠精神。

最终目标

能根据提供的特定条件进行数据统计，并创建视图。

任务 7-1 认识视图

任务描述

能够按照要求创建视图并通过视图查询数据。

基础知识

（1）视图的概念。视图（view）是通过对一个或多个数据表查询得到的“表”。视图本质上是一个虚拟表，内容与真实表相似，包含一系列带有名称的列和行数据。

（2）视图实质上是存储了一个查询语句。将视图中查询语句所查询的数据表称为“基本表”，视图中所看到的数据其实是基本表中存储的数据。

（3）视图创建后，可以像对待基本表一样对其进行查询、删除等操作，也可以在视图的基础上再创建新的视图，但是通过视图对基本表数据的更新操作有一定的限制。

（4）视图的特点：视图的列可以来自不同的表，是表的抽象和在逻辑意义上建立的新关系；视图是由基本表（实表）产生的表（虚表）；视图的创建与删除不影响基本表；对视图内容的更新直接影响基本表；当视图来自多个基本表时，不允许添加和删除数据。

（5）视图的优点：视图的使用可以提高复杂查询语句的复用性和表操作的安全性。

任务实现

（一）操作条件

supermarket 数据库以及数据库内的七个数据表都已经创建好，并且每个数据表中都有完整的数据。

（二）安全及注意事项

注意任务中提出的创建视图要求是关联一个数据表还是多个数据表。

（三）操作过程

1. 创建视图

创建视图语句的语法格式如下：

```
create view {view name}[({column name1,column name2, …, column nameN)]
as
select 语句
[with [cascade|local] check option];
```

其中：视图名的命名与表命名相同，不能与其他视图名重名；with check option 选项的意思是，通过视图更新数据时检查更新的数据是否符合视图定义中的 where 子句设置的条件，如果不特别指定，默认是 with cascade check option，表示循环检查视图的规则以及底层视图的规则，with local check option 表示只检查当前视图的规则。

视 频

创建视图

任务 7-1-1：创建一个名为 view_jsprovide 的视图，要求该视图包含来自江苏省供应商的基本信息。

任务分析：供应商信息表（provide）的供应商地址（provideaddress）字段如果包含“江苏省”就可以表示该供应商来自江苏省，江苏省供应商基本信息可使用如下查询语句查询得到：

```
select *
from  provide
where provideaddress like '%江苏省%';
```

任务要求创建的视图就是将该查询语句“包装”起来。具体语句如下：

```
create view view_jsprovide
```

```
as
select *
from  provide
where provideaddress like '%江苏省%';
```

语句执行后得到图 7-1-1 所示的运行结果，表示创建视图成功。

```
mysql> create view view_jsprovide
    -> as
    -> select *
    -> from  provide
    -> where provideaddress like '%江苏省%';
Query OK, 0 rows affected (1.68 sec)
```

图 7-1-1　创建视图 view_jsprovide 成功

视图 view_jsprovide 创建后，可通过查询语句查询视图中的数据信息，具体语句如下：

```
select * from view_jsprovide;
```

查询结果与创建该视图的查询语句的查询结果相同，如图 7-1-2 所示。

```
mysql> select *  from  provide where provideaddress like '%江苏省%';
+------------+------------------------+-------------------------+-------------+
| provideid  | providename            | provideaddress          | providephone |
+------------+------------------------+-------------------------+-------------+
| G200312102 | 朝阳食品有限公司       | 江苏省无锡市南长区      | 05108270378*
| G200312104 | 松原食品有限公司       | 江苏省江阴市            | 05105167809*
| G200312105 | 正鑫食品有限公司       | 江苏省无锡市北塘区      | 05108261345*
| G200312301 | 宜兴紫砂厂             | 江苏省宜兴市            | 01385955445*
| G200312302 | 康元食品有限公司       | 江苏省                  | 05101234543*
+------------+------------------------+-------------------------+-------------+
5 rows in set (0.00 sec)
mysql> select * from view_jsprovide;
+------------+------------------------+-------------------------+-------------+
| provideid  | providename            | provideaddress          | providephone |
+------------+------------------------+-------------------------+-------------+
| G200312102 | 朝阳食品有限公司       | 江苏省无锡市南长区      | 05108270378*
| G200312104 | 松原食品有限公司       | 江苏省江阴市            | 05105167809*
| G200312105 | 正鑫食品有限公司       | 江苏省无锡市北塘区      | 05108261345*
| G200312301 | 宜兴紫砂厂             | 江苏省宜兴市            | 01385955445*
| G200312302 | 康元食品有限公司       | 江苏省                  | 05101234543*
+------------+------------------------+-------------------------+-------------+
5 rows in set (0.00 sec)
```

图 7-1-2　查询 view_jsprovide 视图的数据信息

任务 7-1-2：创建统计每个供应商供应的商品种类数的视图 view_merchkinds。

任务分析：根据任务要求可知，要想统计供应商提供的商品种类数应该是针对商品信息表（merchinfo）进行的查询，并且需要用到聚合函数 count()，函数括号内应该放置商品编号（merchid）。具体查询语句如下：

```
select provideid,count(merchid) 商品种类数
from merchinfo
group by provideid;
```

将上述查询语句“包装”成视图，语句如下：

```
create view view_merchkinds
as
select provideid as 供应商编码,count(merchid) 商品种类数
from merchinfo
group by provideid;
```

语句执行后可得到图 7-1-3 所示的运行结果。

```
mysql> create view view_merchkinds
    -> as
    -> select provideid as 供应商编码,count(merchid) 商品种类数
    -> from merchinfo
    -> group by provideid;
Query OK, 0 rows affected (0.10 sec)
```

图 7-1-3　创建视图 view_merchkinds 成功

此任务所创建的视图可使用查询语句进行查询，如图 7-1-4 所示。

```
mysql> select * from view_merchkinds;
+----------------+----------------+
| 供应商编码     | 商品种类数     |
+----------------+----------------+
| G200312101     |              1 |
| G200312102     |              2 |
| G200312103     |              2 |
| G200312105     |              1 |
| G200312302     |              3 |
+----------------+----------------+
5 rows in set (0.01 sec)
```

图 7-1-4　查询 view_merchkinds 视图的数据信息

任务 7-1-3：创建统计每位超市会员消费情况的视图 view_dealing。提示：查询交易信息表（dealing），统计每位会员的消费总金额。

创建视图的语句如下：

```
create view view_dealing
as
select memberid as 会员编号,sum(dealingprice) 消费总金额
from dealing
group by memberid;
```

任务 7-1-4：创建用户销售商品信息视图 view_sale。要求视图中包含用户编号（userid）、用户姓名（username）、商品编号（merchid）和销售价格（saleprice）四项内容。

任务分析：从任务要求中可知视图 view_sale 应该涉及两个表——销售信息表（sale）和用户信息表（users），两个数据表之间通过用户编号（userid）建立两表内连接。创建视图的语句如下：

```
create view view_sale
as
select u.userid as 用户编号,u.username as 用户姓名,s.merchid as 商品编号,
```

```
s.saleprice as 销售价格
    from users u,sale s
    where u.userid=s.userid;
```

2. 查看视图

视频 查看、修改、删除视图

创建视图后经常需要查看视图信息，而且视图是虚拟表，很多用于查看表的语句也可以用来查看视图信息。

任务 7-1-5：查看 supermarket 数据库中存在哪些视图。

此时可使用：

```
show tables;
```

查看数据库中所有表和视图的名称，如图 7-1-5 所示。

图 7-1-5 中圆角矩形标出的部分就是任务 7-1-1 ～ 任务 7-1-4 所创建的四个视图。

```
mysql> show tables;
+------------------------+
| Tables_in_supermarket |
+------------------------+
| dealing                |
| member                 |
| merchinfo              |
| newusers               |
| provide                |
| sale                   |
| stock                  |
| users                  |
| view_dealing           |
| view_jsprovide         |
| view_merchkinds        |
| view_sale              |
+------------------------+
12 rows in set (0.00 sec)
```

图 7-1-5 查看视图名称

任务 7-1-6：查看视图 view_dealing 的基本定义结构。

使用 desc[ribe] {table name}; 可以查看表的基本结构，同理，可以使用

```
desc[ribe] {view name};
```

查看视图的基本定义结构。

则完成任务 7-1-6 要求的语句为：

```
describe view_dealing;
```

执行结果如图 7-1-6 所示。

```
mysql> describe view_dealing;
+----------------+-------------+------+-----+---------+-------+
| Field          | Type        | Null | Key | Default | Extra |
+----------------+-------------+------+-----+---------+-------+
| 会员编号       | varchar(10) | NO   |     | NULL    |       |
| 消费总金额     | double      | YES  |     | NULL    |       |
+----------------+-------------+------+-----+---------+-------+
2 rows in set (0.00 sec)
```

图 7-1-6 查看视图 view_dealing 基本定义结构

任务 7-1-7：查看视图 view_sale 的详细定义信息。

与使用 show create table {table name}; 查看创建表的详细信息类似，可以使用 show create view {view name}; 查看创建视图的详细信息。

完成任务 7-1-7 要求的语句为：

```
show create view view_sale \G
```

可得到图 7-1-7 所示的执行结果。

```
mysql> show create view view_sale \G
*************************** 1. row ***************************
                View: view_sale
         Create View: CREATE ALGORITHM=UNDEFINED DEFINER=`root`@`%` SQL SECURITY DEFINER VIEW `view_sale` AS select `u`.`Userid` AS `
用户编号`,`u`.`Username` AS `用户姓名`,`s`.`Merchid` AS `商品编号`,`s`.`Saleprice` AS `销售价格` from (`users` `u` join `sale` `s`) wh
ere (`u`.`Userid` = `s`.`userid`)
character_set_client: utf8
collation_connection: utf8_general_ci
1 row in set (0.00 sec)
```

图 7-1-7　查看创建视图 view_sale 的详细信息

3. 删除视图

删除视图的语句格式如下：

```
drop view {view name list};
```

例如：删除视图 view_merchkinds。

根据语句的语法格式可以得到如下语句：

```
drop view view_merchkinds;
```

得到图 7-1-8 所示的执行结果。

```
mysql> drop view view_merchkinds;
Query OK, 0 rows affected (0.00 sec)
```

图 7-1-8　成功删除视图 view_merchkinds

4. 修改视图

与修改表相同，修改视图也可使用 alter 命令，具体语句格式如下：

```
alter view {view name}[({column name1,column name2, …, column nameN)]
as
select 语句
[with [cascade|local] check option];
```

与创建视图语句格式相比，除了修改的关键字 alter 替换了创建的关键字 create，其他格式全部相同，此处不再赘述。

例如：修改视图 view_jsprovide，要求该视图只能看到江苏供应商的供应商编号（provideid）和供应商名称（providename）。

根据修改视图语句的语法格式以及修改视图的要求可以得到如下语句：

```
alter view view_jsprovide(provideid,providename)
as
select provideid,providename
from provide
where provideaddress like '%江苏省%';
```

使用 select * from view_jsprovide; 查询修改后的视图，可得到如图 7-1-9 所示的查询结果。

```
mysql> select * from view_jsprovide;
+------------+--------------------------+
| provideid  | providename              |
+------------+--------------------------+
| G200312102 | 朝阳食品有限公司         |
| G200312104 | 松原食品有限公司         |
| G200312105 | 正鑫食品有限公司         |
| G200312301 | 宜兴紫砂厂               |
| G200312302 | 康元食品有限公司         |
+------------+--------------------------+
5 rows in set (0.00 sec)
```

图 7-1-9　修改后的 view_jsprovide 的信息查询结果

问题思考：创建视图的语句本身没有问题，为啥不能执行语句？

有两种可能，一是视图名称已经存在，二是当前用户没有创建视图的权限。

学习结果评价

序号	评价内容	评价标准	评价结果（是/否）
1	知识与技能	正确使用 create view 按要求创建视图	□是　□否
		正确使用 desc 查看指定视图的基本定义结构	□是　□否
		正确使用 show tables 查看已经创建的视图	□是　□否
		正确使用 drop view 删除指定的视图	□是　□否
		正确使用 alter view 修改指定的视图	□是　□否
2	职业规范	输入命令是否注意大小写	□是　□否
		是否认真核实视图中查询语句格式和要求	□是　□否
3	总　　评	“是”与“否”在本次评价中所占百分比	“是”占______% “否”占______%

任务 7-2　通过视图修改基本表中数据

任务描述

能根据要求通过已创建的视图对基本表中数据进行修改。

基础知识

（1）通过视图查询数据，与通过表查询数据完全相同，select 语句格式只需要把 from 子句中的表名改成视图名，只不过，通过视图查询数据比表更安全、实用。

（2）对视图数据进行添加、删除和修改操作直接影响基本表，简单而言，通过视图操作数据实质就是对基本表操作数据。但是通过视图对基本表中的数据进行更新（插入数据、修改数据、删除数据）是有一定限制的。

（3）任何更新（包括 insert、update 和 delete 语句）都只能引用一个基本表的列，视图来自多个基本表时，不允许添加和删除数据；通过视图修改的列必须直接引用基本表列中的基础数据，即该列不能是通过其他方式派生得到的，如通过聚合函数（avg、count、sum、min、max）得到，通过表达式并使用列计算出其他列得到等；被修改的列不受 group by、having 或 distinct 子句的影响。

视 频

基础知识之视图与基本表

（4）在符合要求的情况下通过视图更新基本表数据语句的语法格式完全等同于直接对基本表进行数据更新的语句。具体为：

添加数据：

```
insert into 视图名（列名列表）
values(值列表);
```

修改数据：

```
update 视图名
set 列名=值[,…]
[where 条件];
```

删除数据：

```
delete from 视图名
[where 条件];
```

任务实现

（一）操作条件

（1）supermarket 数据库以及数据库内的七个数据表都已经创建好，并且每个数据表中都有完整的数据。

（2）任务需要使用的视图已经创建好。

视 频

通过视图添加数据

（二）安全及注意事项

注意任务提出的通过视图修改基本表数据的要求，以及相关视图创建时用到的基本表状况。

（三）操作过程

1. 添加数据

通过视图 view_jsprovide 添加一条新的数据，各列的值分别为：G202112602，海心食品有限公司，江苏省南通市江岳路 8 号，05138234543*。

结合基础知识的内容，可以得到如下语句：

```
insert into view_jsprovide(provideid,providename,provideaddress,providephone)
values( 'G202112602','海心食品有限公司','江苏省南通市江岳路8号', '05138234543*');
```

或：

```
insert into view_jsprovide
values( 'G202112602','海心食品有限公司','江苏省南通市江岳路8号','05138234543*');
```

通过视图成功添加数据后，可通过查询语句查询视图和基本表查看已经添加的供应商信息，如图 7-2-1 所示。

```
mysql> select * from view_jsprovide;
+------------+------------------+----------------------+--------------+
| provideid  | providename      | provideaddress       | providephone |
+------------+------------------+----------------------+--------------+
| G200312102 | 朝阳食品有限公司 | 江苏省无锡市南长区   | 05108270378* |
| G200312104 | 松原食品有限公司 | 江苏省江阴市         | 05105167809* |
| G200312105 | 正鑫食品有限公司 | 江苏省无锡市北塘区   | 05108261345* |
| G200312301 | 宜兴紫砂厂       | 江苏省宜兴市         | 01385955445* |
| G200312302 | 康元食品有限公司 | 江苏省               | 05101234543* |
| G202112602 | 海心食品有限公司 | 江苏省南通市江岳路8号 | 05138234543* |
+------------+------------------+----------------------+--------------+
6 rows in set (0.00 sec)

mysql> select * from provide;
+------------+----------------------+----------------------+--------------+
| provideid  | providename          | provideaddress       | providephone |
+------------+----------------------+----------------------+--------------+
| G200312101 | 长春食品厂           | 吉林省长春市岭东路   | 04317845954* |
| G200312102 | 朝阳食品有限公司     | 江苏省无锡市南长区   | 05108270378* |
| G200312103 | 黑龙江食品厂         | 黑龙江省哈尔滨市     | 04514516547* |
| G200312104 | 松原食品有限公司     | 江苏省江阴市         | 05105167809* |
| G200312105 | 正鑫食品有限公司     | 江苏省无锡市北塘区   | 05108261345* |
| G200312201 | 兴隆纸品有限公司     | 上海市浦东           | 02588992341* |
| G200312301 | 宜兴紫砂厂           | 江苏省宜兴市         | 01385955445* |
| G200312302 | 康元食品有限公司     | 江苏省               | 05101234543* |
| G200312305 | 富胜贸易有限公司     | NULL                 | 07692307767* |
| G202105231 | 北京美时乐食品有限公司 | NULL               | 010-8666123* |
| G202112602 | 海心食品有限公司     | 江苏省南通市江岳路8号 | 05138234543* |
+------------+----------------------+----------------------+--------------+
11 rows in set (0.00 sec)
```

图 7-2-1　添加数据后查询视图 view_jsprovide 的查询结果（上）以及查询基本表 provide 的查询结果（下）

2. 修改数据

对“view_jsprovide”视图进行修改，把编号为“G200312302”的供应商地址修改为“江苏省无锡市梁溪区”。

结合基础知识的内容，可以得到如下语句：

视频

通过视图修改数据

```
update view_jsprovide
set provideaddress='江苏省无锡市梁溪区'
where provideid='G200312302';
```

修改数据后，通过查询 view_jsprovide，可以得到图 7-2-2 所示的查询结果。

对照图 7-2-1 和图 7-2-2，可以看到图 7-2-2 中圆角矩形框里的供应商地址内容已经修改成功。

```
mysql> select * from view_jsprovide;
+------------+------------------+--------------------------+--------------+
| provideid  | providename      | provideaddress           | providephone |
+------------+------------------+--------------------------+--------------+
| G200312102 | 朝阳食品有限公司 | 江苏省无锡市南长区       | 05108270378* |
| G200312104 | 松原食品有限公司 | 江苏省江阴市             | 05105167809* |
| G200312105 | 正鑫食品有限公司 | 江苏省无锡市北塘区       | 05108261345* |
| G200312301 | 宜兴紫砂厂       | 江苏省宜兴市             | 01385955445* |
| G200312302 | 康元食品有限公司 | 江苏省无锡市梁溪区       | 05101234543* |
+------------+------------------+--------------------------+--------------+
5 rows in set (0.00 sec)
```

图 7-2-2　修改数据后查询视图 view_jsprovide 的查询结果

如果要通过视图 view_dealing 修改会员编号为“1002300011”的会员的消费总金额为 30 元。

通过查看视图 view_dealing 信息，可知此视图中的“消费总金额”列是通过聚合函数 SUM() 得到的，属于基础知识（3）中提及的派生列，则该修改数据操作无法进行，具体情况如图 7-2-3 所示。

```
mysql> update  view_dealing set 消费总金额=30
    -> where 会员编号='1002300011';
ERROR 1288 (HY000): The target table view_dealing of the UPDATE is not updatable
```

图 7-2-3　通过视图修改数据时遇到派生列无法完成

3. 删除数据

通过视图 view_jsprovide 删除名为“海心食品有限公司”的供应商。

结合基础知识的内容，可以得到如下语句：

```
delete from view_jsprovide
where providename='海心食品有限公司';
```

视频

通过视图删除数据

通过视图删除数据后，查询视图 view_jsprovide 以及查询基本表 provide 都可以发现“海心食品有限公司”供应商已经找不到了，如图 7-2-4 所示。

```
mysql> select * from view_jsprovide;
+------------+------------------+--------------------------+--------------+
| provideid  | providename      | provideaddress           | providephone |
+------------+------------------+--------------------------+--------------+
| G200312102 | 朝阳食品有限公司 | 江苏省无锡市南长区       | 05108270378* |
| G200312104 | 松原食品有限公司 | 江苏省江阴市             | 05105167809* |
| G200312105 | 正鑫食品有限公司 | 江苏省无锡市北塘区       | 05108261345* |
| G200312301 | 宜兴紫砂厂       | 江苏省宜兴市             | 01385955445* |
| G200312302 | 康元食品有限公司 | 江苏省                   | 05101234543* |
+------------+------------------+--------------------------+--------------+
5 rows in set (0.00 sec)
```

```
mysql> select * from provide;
+------------+----------------------+--------------------------+--------------+
| provideid  | providename          | provideaddress           | providephone |
+------------+----------------------+--------------------------+--------------+
| G200312101 | 长春食品厂           | 吉林省长春市岭东路       | 04317845954* |
| G200312102 | 朝阳食品有限公司     | 江苏省无锡市南长区       | 05108270378* |
| G200312103 | 黑龙江食品厂         | 黑龙江省哈尔滨市         | 04514516547* |
| G200312104 | 松原食品有限公司     | 江苏省江阴市             | 05105167809* |
| G200312105 | 正鑫食品有限公司     | 江苏省无锡市北塘区       | 05108261345* |
| G200312201 | 兴隆纸品有限公司     | 上海市浦东               | 02588992341* |
| G200312301 | 宜兴紫砂厂           | 江苏省宜兴市             | 01385955445* |
| G200312302 | 康元食品有限公司     | 江苏省                   | 05101234543* |
| G200312305 | 富胜贸易有限公司     | NULL                     | 07692307767* |
| G202105231 | 北京美时乐食品有限公司 | NULL                   | 010-8666123* |
+------------+----------------------+--------------------------+--------------+
10 rows in set (0.00 sec)
```

图 7-2-4　删除数据后查询视图 view_jsprovide 的查询结果（上）以及查询基本表 provide 的查询结果（下）

问题思考：通过视图添加数据报错是什么情况？

先查看这个视图是否是来自多个基本表，这种情况是不允许添加或删除数据的，再仔细检查语句本身有没有语法错误等。

学习结果评价

序号	评价内容	评价标准	评价结果（是 / 否）
1	知识与技能	能够按照要求正确判断是否可以通过视图修改数据	□是　□否
		能正确使用 insert 语句通过视图添加数据	□是　□否
		能正确使用 update 语句通过视图修改数据	□是　□否
		能正确使用 delete 语句通过视图删除数据	□是　□否
2	职业规范	输入命令是否注意大小写	□是　□否
		是否在通过视图修改基本表中数据时认真观察视图关联的基本表个数和需要修改数据的字段性质	□是　□否
3	总　评	“是”与“否”在本次评价中所占百分比	“是”占______% “否”占______%

任务 7-3　实践训练——视图的创建与使用

实训目的

1. 学会按要求创建视图。
2. 学会通过视图对基本表中的数据进行修改。

实训准备

1. 数据库 pxbgl 和数据库中七个数据表已经创建好，且每个表中都有完整的数据。
2. 认真阅读实训内容，学习实训所需知识和技能。

实训任务

使用 SQL 语句完成以下创建视图以及通过视图对基本表中数据进行修改的任务。

1. 在 pxbgl 数据库中创建可查询女性学员基本信息的名为 view_student_info 的视图，需要使用学员信息表（student_info）。

2. 在 pxbgl 数据库中创建统计学员请假次数的视图 view_leave，需要使用请假表（sleave）。

3. 在 pxbgl 数据库中创建统计培训班学员欠费情况的视图 view_arrears，需要使用交费表（pay_info）。

4. 在 pxbgl 数据库中创建学员选课信息的视图 view_course_selection，需要使用学员信息表（student_info）和选课表（course_selection），列出学员编号（student_id）、学员姓名（student_name）、学员性别（sex），课程编号（course_id）和课程名称（course_name）。

5. 通过 view_student_info 视图添加女学员数据，内容为：

```
14，吕欣欣，女，051391235321，南通市区，学生证，123654，20210301，正常，NULL
```

6. 通过 view_student_info 视图修改数据，要求把学员编号为 14 的学员姓名改为“李欣”。

7. 通过 view_course_selection 视图修改数据，把课程编号为 1 的课程名称改为“C 语言程序设计”。

8. 通过 view_student_info 视图删除数据，要求把学员编号为 14 的学员删除。

实训提示

1. 在 pxbgl 数据库中创建可查询女性学员基本信息的名为 view_student_info 的视图，需要使用学员信息表（student_info）。

提示：视图是虚拟表，实际上存放的是查询语句，创建视图的重点就在于查询语句。参考命令为：

```
create view view_student_info
as
select * from student_info
where sex='女';
```

2. 在 pxbgl 数据库中创建统计学员请假次数的视图 view_leave，需要使用请假表（sleave）。

参考命令：

```
create view view_leave
as
select student_id as 学员编号 ,count(student_id) 请假次数
from sleave
group by student_id;
```

3. 在 pxbgl 数据库中创建统计培训班学员欠费情况的视图 view_arrears，需要使用交费表（pay_info）。

参考命令为：

```
create view view_arrears
as
select student_id as 学员编号 ,sum(arrearage) 总欠费金额
from pay_info
group by student_id;
```

4. 在 pxbgl 数据库中创建学员选课信息的视图 view_course_selection，需要使用学员信息表

（student_info）和选课表（course_selection），列出学员编号（student_id）、学员姓名（student_name）、学员性别（sex），课程编号（course_id）和课程名称（course_name）。

参考命令为：

```
create view view_course_selection
as
select a.student_id as 学员编号,a.student_name as 学员姓名,sex as 学员性别,
course_id as 课程编号,course_name as 课程名
from student_info a,course_selection b
where a.student_id=b.student_id;
```

5. 通过 view_student_info 视图添加女学员数据，内容为：

```
14，吕欣欣，女，051391235321，南通市区，学生证，123654，20210301，正常，NULL
```

提示：通过视图向基本表中添加数据，使用命令与直接向表中添加数据相同，只是 insert 后面跟的是视图。参考命令为：

```
insert into view_student_info
(student_id,student_name,sex,telephone,address,IDtype,IDnumber,entrance_time,
status, memo)
values(14,'吕欣欣','女','051391235321','南通市区','学生证','123654','20210301',
'正常',NULL);
```

或：

```
insert into view_student_info
values(14,'吕欣欣','女','051391235321','南通市区','学生证','123654','20210301',
'正常',NULL);
```

6. 通过 view_student_info 视图修改数据，要求把学员编号为 14 的学员姓名改为“李欣”。

提示：与任务 5 类似，通过视图修改基本表中的数据，与直接修改表中数据的命令相同，都是使用 update。参考命令为：

```
update view_student_info
set student_name='李欣'
where student_id=14;
```

7. 通过 view_course_selection 视图修改数据，把课程编号为 1 的课程名称改为“C 语言程序设计”。

参考命令为：

```
update view_course_selection
set 课程名='C语言程序设计'
where 课程编号=1;
```

8. 通过 view_student_info 视图删除数据，要求把学员编号为 14 的学员删除。

参考命令为：

```
delete from view_student_info
where student_id=14;
```

实训报告要求：

1. 结合实训提示，将实训过程中进行的各项工作和步骤记录在实训报告上。
2. 将实训过程中遇到的问题记录下来，结合具体的操作撰写实训心得体会。

实训结果评价

序号	评价内容	评价标准	评价结果（是 / 否）
1	知识与技能	成功按照要求创建视图	□是　□否
		成功按照要求通过视图向基本表中添加数据	□是　□否
		成功按照要求通过视图修改基本表中数据	□是　□否
		成功按照要求通过视图删除基本表中数据	□是　□否
2	职业规范	命令中大小写统一	□是　□否
		文档格式规范	□是　□否
3	总　　评	“是”与“否”在本次评价中所占百分比	“是”占________% “否”占________%

工作任务8 实施数据库的数据完整性

学习目标

（1）能熟练使用主键约束、唯一约束以及自动增值约束实施数据库的实体完整性。

（2）能熟练使用非空约束、默认值约束实施数据库的域完整性。

（3）能熟练使用外键约束实施数据库的参照完整性。

素质目标

（1）通过线上同名课程的预习，培养借助网络平台搜索信息、学习新知识的能力。

（2）通过对数据完整性相关知识和技能的学习，有意识培养分析工作任务的能力。

（3）通过学习新知识新技能时的反复练习和训练，培养工匠精神。

最终目标

能熟练使用合适的约束实施数据库的数据完整性。

任务8-1 使用约束保证数据表内的行唯一

任务描述

能够按照要求给表设置主键约束、唯一约束或自动增值约束，以保证表内的行唯一。

基础知识

（1）数据完整性。数据完整性是指数据库中数据的正确性和一致性，即数据的值必须是正确的，并在规定的范围内；数据的存在必须确保同一表格数据之间及不同表格数据之间一致。

数据完整性主要包括实体完整性、参照完整性、域完整性和用户自定义完整性。

（2）实体完整性。实体完整性体现在实体的唯一性。即：

① 一个关系通常对应现实世界的一个实体集。

② 现实世界中实体是可区分的，也就是说它们有唯一标识。

③ 关系模型中，用主键作为唯一标识。

④ 主键不能为空，如果主键为空，则说明存在某个不可标识的实体，这就与唯一性标识相矛盾。

⑤ 在关系模型中，实体完整性通常可通过设置主键约束（primary key，PK）和唯一约束（unique [key]，UK）来实施。

（3）主键又称主码，是表中一列或多列的组合。主键约束要求主键列的数据唯一且不允许为空。主键能够唯一标识表的一条记录，分为单字段主键和多字段联合主键两种。

（4）单字段主键仅由一个字段组成。在创建主键约束时可以在定义字段的同时指定主键，语法规则为：

```
字段名  数据类型  primary key [default 默认值]
```

在定义完所有字段后指定主键，语法规则为：

```
[constraint 约束名] primary key(字段名)
```

（5）多字段联合主键是由多个字段联合组成，只能使用定义完所有字段后指定的规则。

（6）唯一约束要求该列唯一，允许为空。唯一约束可以确保一列或者几列不出现空值以外的重复值。语法规则与主键约束一致，即只要把关键字 primary key 换成 unique [key]，注意唯一约束中的 key 是可选项。

（7）一个表有且只能有一个主键约束，但可以有多个唯一约束。

（8）MySQL 扩展增加了自动增值约束（auto_increment）用来约束字段的值为自动增加。默认 auto_increment 的初始值是 1，每新增一条记录，字段值自动加 1。一个表只能有一个字段使用 auto_increment 约束，且该字段必须为主键一部分。auto_increment 约束的字段可以是任何整数类型，其语法规则：

```
字段名  数据类型  auto_increment
```

（9）删除主键约束使用 ALTER TABLE 命令，具体格式如下：

```
alter table 表名 drop primary key;
```

（10）删除唯一约束同样使用 ALTER TABLE 命令，但是删除唯一约束的实质是删除其对应的索引键，具体语句格式为：

```
alter table 表名 drop key|index 索引名;
```

任务实现

（一）操作条件

supermarket 数据库以及数据库内的七个数据表都已经创建好，并且每个数据表中都有完整的数据。

（二）安全及注意事项

注意表中已经存在的数据是否有重复现象，如果有重复进行修正。

（三）操作过程

1. 使用主键约束保证表内的行唯一

视频

主键约束、唯一约束、自动增值约束

在商品信息表（merchinfo）中的商品编号（merchid）字段上设置主键约束，以保证表内商品的唯一性。

分析：商品名称可能会有重复，但是商品编号不能相同，这样就可以区分同名但不同供应商或是不同批次的商品。因商品信息表已经存在，需要通过修改表的结构来添加主键约束，具体语句为：

```
alter table merchinfo add primary key(merchid);
```

语句执行后得到图 8-1-1 所示的结果，表示主键约束设置成功。

```
mysql> alter table merchinfo add primary key(merchid);
Query OK, 0 rows affected (1.67 sec)
Records: 0  Duplicates: 0  Warnings: 0
```

图 8-1-1　通过 alter table 命令修改表结构时添加主键约束

如果要创建一个新商品信息表 newmerchinfo，主要字段有商品编号（merchid）、商品名称（merchname）、商品价格（merchprice）和供应商编号（provideid），数据类型分别为：10 位字符型、50 位可变长字符型、单精度实型和 10 位字符型。所有字段都不能为空，其中商品编号设置主键约束。则创建新商品信息表的语句为：

```
create table newmerchinfo(
merchid char(10) primary key,
merchname varchar(50) not null,
merchprice float not null,
provideid char(10) not null);
```

或

```
create table newmerchinfo(
merchid char(10),
merchname varchar(50) not null,
merchprice float not null,
provideid char(10) notnull,
constraint pk_id primary key(merchid));
```

语句执行后查看新商品信息表的基本结构时可以看到已经在 merchid 字段上设置了主键约束，如图 8-1-2 所示。

```
mysql> desc newmerchinfo;
+------------+-------------+------+-----+---------+-------+
| Field      | Type        | Null | Key | Default | Extra |
+------------+-------------+------+-----+---------+-------+
| merchid    | char(10)    | NO   | PRI | NULL    |       |
| merchname  | varchar(50) | NO   |     | NULL    |       |
| merchprice | float       | NO   |     | NULL    |       |
| provideid  | char(10)    | NO   |     | NULL    |       |
+------------+-------------+------+-----+---------+-------+
4 rows in set (0.00 sec)
```

图 8-1-2　通过 create table 命令在建表的同时设置主键约束

前面操作都是在单个字段上设置主键约束，如果需要在多个字段上设置主键约束，在创建表的同时设置主键约束需要在定义完所有字段后指定主键；修改表结构时设置多字段联合主键约束与设置单字段主键约束相似，不再赘述。

例如，在已经存在的 sale 表的 saleid 和 merchid 两个字段上设置联合主键约束，语句为：

```
alter table sale add primary key(saleid,merchid);
```

如果需要新创建一个 newsale 表，有三个字段，分别为 userid char(10)、merchid char(10)、saleprice float，全部字段都不能为空，并在 userid 和 merchid 两个字段上设置联合主键，则创建表的语句为：

```
create table newsale(
userid char(10) not null,
merchid char(10) not null,
saleprice float not null,
primary key(userid,merchid));
```

2. 使用唯一约束区分表内不同行

在用户信息表（users）的用户姓名（username）字段上设置唯一约束。

分析：虽然之前可以在用户编号（userid）上设置主键约束保证用户不重复，但是人们更喜欢使用姓名来区分用户，为此，可在用户姓名（username）字段上设置唯一约束。

结合基础知识和分析内容，可以得到如下语句：

```
alter table users
add unique (username);
```

语句执行后可得到图 8-1-3 所示的运行结果。

```
mysql> alter table users
    -> add unique (username);
Query OK, 8 rows affected (1.66 sec)
Records: 8  Duplicates: 0  Warnings: 0
```

图 8-1-3　使用 alter table 命令在现有表上添加单列唯一约束

与主键约束设置格式相同，也可以使用 create table 命令在建表的同时设置唯一约束，唯一约束也可以在单个字段上设置，也可以在多个字段上设置联合唯一约束。

3. 使用自动增值约束在建表时辅助设置主键约束的整型字段自动增值

将销售信息表（sale）中的销售编号（saleid）设置自动增值约束。

因 sale 已经存在，所以想要设置自动增值约束，只能修改 sale 表中的 saleid 字段属性，使用如下语句：

```
alter table sale modify saleid int(11)  auto_increment;
```

如果新建一个数据表 t1，有三个字段，分别为 id int、name varchar(10)、memo text，要求 id 字段设置自动增值约束。要设置自动增值约束，id 字段必须是主键约束或是主键约束的一部分，此处，设置 id 字段为主键约束，则建表语句为：

```
create table t1(id int auto_increment,
name varchar(10),memo text,
primary key(id));
```

或：

```
create table t1(id int primary key auto_increment,
name varchar(10),memo text);
```

建表后查看表结构，可以看到如图 8-1-4 所示的 t1 表基本结构。

```
mysql> desc t1;
+-------+-------------+------+-----+---------+----------------+
| Field | Type        | Null | Key | Default | Extra          |
+-------+-------------+------+-----+---------+----------------+
| id    | int(11)     | NO   | PRI | NULL    | auto_increment |
| name  | varchar(10) | YES  |     | NULL    |                |
| memo  | text        | YES  |     | NULL    |                |
+-------+-------------+------+-----+---------+----------------+
3 rows in set (0.00 sec)
```

图 8-1-4　查看新建表 t1 的基本结构

从图 8-1-4 中框起部分可以看到，在建表语句中设置的主键约束和自动增值约束都设置成功。

问题思考一：创建表时想要设置自动增值约束，语句执行时报错：error 1075 (42000): Incorrect table definition; there can be only one auto column and it must be defined as a key，如何解决?

这个报错表示设置自动增值约束的字段不是主键的一部分或是主键本身，需要设置该字段为主键或主键的一部分。

问题思考二：查看表基本结构时，看到有两个字段都标有 PRI，是表示表中有两个主键约束吗?

不是，这种情况表示表中的主键是联合主键，是由标有 PRI 的两个字段组成的联合主键。

学习结果评价

序号	评价内容	评价标准	评价结果（是/否）
1	知识与技能	正确使用 create table 按要求设置主键约束、唯一约束和自动增值约束	□是　□否
		正确使用 alter table 按要求设置主键约束、唯一约束和自动增值约束	□是　□否
2	职业规范	输入命令是否注意大小写	□是　□否
		是否认真对照约束设置前后的字段值	□是　□否
3	总　评	“是”与“否”在本次评价中所占百分比	“是”占＿＿＿＿% “否”占＿＿＿＿%

任务 8-2　使用约束检查域完整性

任务描述

能根据要求给表设置非空约束和默认值约束以检查域完整性。

基础知识

（1）当数据表中某个字段的值不希望设置为空（null）时，则使用非空约束（not null，NK）进行设置，以此保证所有记录中该字段都有值。

（2）非空约束设置非常简单，在创建表时或修改表结构时，将 not null 放置在字段属性后面，语法规则为：

```
字段名 数据类型 not null
```

（3）当为数据表插入一条记录时，如果没有为某个字段赋值，想让数据库系统自动为该字段插入默认值，此时需要为该字段设置默认值约束（default）。

（4）默认值约束设置非常简单，在创建表时或修改表结构时，将 default 约束放置在字段属性后面，语法规则为：

```
字段名 数据类型 default 默认值
```

任务实现

（一）操作条件

supermarket 数据库以及数据库内的七个数据表都已经创建好，并且每个数据表中都有完整的数据。

（二）安全及注意事项

注意查看已经存在的表的基本结构，注意查看表中现有的数据是否正确。

（三）操作过程

1. 设置非空约束

视频

非空约束和默认值约束

在 supermarket 数据库的用户信息表（users）的用户类别（userstyle）字段上设置非空约束。

分析：因为 users 表已经存在，所以要在 users 表的 userstyle 字段上设置非空约束需要修改表结构，具体语句为：

```
alter table users modify  userstyle  tinyint  not null;
```

语句执行后可以得到图 8-2-1 所示运行结果，表示 users 表的 userstyle 字段上的非空约束设置成功。

```
mysql> alter table users modify  userstyle tinyint  not null;
Query OK, 8 rows affected (0.34 sec)
Records: 8  Duplicates: 0  Warnings: 0
```

图 8-2-1　使用 alter table 命令设置非空约束成功

通过查看 users 表的基本结构，也可以看到 userstyle 字段上设置的非空约束已经实施，可以参看图 8-2-2 的上、下图的对比。

```
mysql> desc users;
+-----------+-------------+------+-----+---------+-------+
| Field     | Type        | Null | Key | Default | Extra |
+-----------+-------------+------+-----+---------+-------+
| Userid    | varchar(10) | NO   | PRI | NULL    |       |
| Username  | varchar(25) | NO   | UNI | NULL    |       |
| Userpw    | varchar(50) | NO   |     | NULL    |       |
| Userstyle | tinyint(4)  | YES  |     | NULL    |       |
+-----------+-------------+------+-----+---------+-------+
4 rows in set (0.00 sec)
mysql> desc users;
+-----------+-------------+------+-----+---------+-------+
| Field     | Type        | Null | Key | Default | Extra |
+-----------+-------------+------+-----+---------+-------+
| Userid    | varchar(10) | NO   | PRI | NULL    |       |
| Username  | varchar(25) | NO   | UNI | NULL    |       |
| Userpw    | varchar(50) | NO   |     | NULL    |       |
| userstyle | tinyint(4)  | NO   |     | NULL    |       |
+-----------+-------------+------+-----+---------+-------+
4 rows in set (0.01 sec)
```

图 8-2-2　userstyle 字段设置非空约束前后对比图（上图允许为空，下图设置非空约束）

2. 设置默认值约束

在供应商信息表（provide）的供应商地址列（provideaddress）设置默认值约束，默认值为“江苏省”。

分析：provide 表是已经创建好的，要在现有表的指定列上设置默认值约束需要修改表结构，结合基础知识，可以得到如下语句：

```
alter table provide modify provideaddress varchar(250) default '江苏省';
```

语句执行后得到图 8-2-3 所示运行结果，表示默认值约束成功设置。

```
mysql> alter table provide modify provideaddress varchar(250) default '江苏省';
Query OK, 0 rows affected (0.82 sec)
Records: 0  Duplicates: 0  Warnings: 0
```

图 8-2-3　使用 alter table 命令设置默认值约束成功

设置默认值约束后，可以使用如下语句验证默认值约束的实施效果，如图 8-2-4 所示。

```
insert into provide(provideid,providename,providephone)
values('G202112011','新的供应商','05108310245*');
```

```
| G202112011 | 新的供应商                  | 江苏省                    | 051083102454
```

图 8-2-4　默认值约束使得新添加的供应商地址无须设置也会显示“江苏省”

3. 创建 newtable 表

创建一个名为 newtable 的表，包含字段 tno int、tname varchar(20)，要求表中的 tno 字段不能为空，tname 字段的默认值为“gong”。

结合基础知识，得到如下建表语句：

```
create table newtable(
tno int not null,
tname varchar(20) default 'gong');
```

语句执行后得到图 8-2-5 所示的 newtable 表结构。

```
mysql> desc newtable;
+-------+-------------+------+-----+---------+-------+
| Field | Type        | Null | Key | Default | Extra |
+-------+-------------+------+-----+---------+-------+
| tno   | int(11)     | NO   |     | NULL    |       |
| tname | varchar(20) | YES  |     | gong    |       |
+-------+-------------+------+-----+---------+-------+
2 rows in set (0.00 sec)
```

图 8-2-5　使用 create table 命令设置非空约束和默认值约束

问题思考一：字段设置默认值约束后，还可以给该字段设置其他值吗?

可以的，设置默认值约束只表示在添加记录时如果没有给该字段设置值，则自动设置为默认值，如果给该字段设置了新值，那就使用设置的新值。

问题思考二：字段设置非空约束，语句格式正确，但还是报错，如图 8-2-6 所示，这是什么情况?

```
mysql> alter table course_info modify memo text not null;
ERROR 1265 (01000): Data truncated for column 'memo' at row 1
```

图 8-2-6　字段设置非空约束报错

这种情况表示修改该表结构时，表中已经存在数据，但是报错的那个字段原本是允许为空的，而现有的数据中那个字段是空。如果想让格式正确地设置非空约束的语句能够执行，可将现有数据中那个字段设置具体值后再执行该语句。

学习结果评价

序号	评价内容	评价标准	评价结果（是/否）
1	知识与技能	正确使用 CREATE TABLE 按要求设置非空约束和默认值约束	□是　□否
		正确使用 ALTER TABLE 按要求设置非空约束和默认值约束	□是　□否
2	职业规范	输入命令是否注意大小写	□是　□否
		是否认真对照约束设置前后的字段值	□是　□否
3	总　评	“是”与“否”在本次评价中所占百分比	“是”占________% “否”占________%

任务8-3　使用约束检查参照完整性

任务描述

能根据要求给表设置外键约束以检查参照完整性，确保表与表之间相关数据保持一致。

基础知识

（1）参照完整性主要是确保相关的不同表格数据之间一致，使用外键约束（foreign key，FK）构建两个表的两个字段之间的参照关系，实施参照完整性。

（2）设置外键约束的两个表之间会具有父子关系，即子表中某个字段的取值范围由父表所决定。

（3）设置外键约束时，设置外键约束的字段必须依赖于数据库中已经存在的父表的主键，但是作为外键，可以为空（null）。

（4）设置外键约束的语法规则为：

```
[constraint 约束名] foreign key(字段名1) references 表名(字段名2)
```

（5）设置外键约束时如果需要设置父表与子表之间数据更新和删除也要保持一致，即设置外键约束同时实现级联更新和级联删除功能，则需要在设置外键约束语句后添加 on update casecade 关键字表示级联更新，添加 on delete casecade 关键字表示级联删除。

（6）删除外键约束要使用 alter table 命令，具体语句格式如下：

```
alter table 表名 drop foreign key 外键约束名;
```

在此基础上，还需要删除外键约束产生的索引键，索引名称与外键约束的名称相同，语句格式如下：

```
alter table 表名 drop key|index 索引名；
```

任务实现

（一）操作条件

supermarket 数据库以及数据库内的七个数据表都已经创建好，并且每个数据表中都有完整的数据。

视频

外键约束

（二）安全及注意事项

注意查看已经存在的表的基本结构，注意查看相关表中现有的数据是否一致。

（三）操作过程

（1）在销售表（sale）中的商品编号（merchid）字段上设置外键约束，参照商品信息表（merchinfo）的商品编号（merchid），以保证销售的商品是商品信息表中存在的商品。

分析：只有商品信息表中存在的商品才能够进行销售，所以销售表中销售的商品的编号一定是商品信息表中存在的。结合基础知识可知，sale 表是子表，要设置外键约束，merchinfo 表是父表，是要参照的表，于是，可以得到如下设置外键约束的语句：

```
alter table sale
add constraint fk_id foreign key(merchid)
references merchinfo(merchid);
```

如果在设置外键约束前的现有数据有不一致的情况，就会报错，如图 8-3-1 所示，如果 sale 表和 merchinfo 表的数据一致，就会设置成功，如图 8-3-2 所示。

```
mysql> alter table sale add constraint fk_id foreign key(merchid) references merchinfo(merchid);
ERROR 1452 (23000): Cannot add or update a child row: a foreign key constraint fails (`supermarket`.`#sql-609_19`, CONSTRAINT `fk_id`
FOREIGN KEY (`Merchid`) REFERENCES `merchinfo` (`Merchid`))
```

图 8-3-1　设置外键约束前存在数据不一致，设置外键约束报错

```
mysql> alter table sale add constraint fk_id foreign key(merchid) references merchinfo(merchid);
Query OK, 17 rows affected (0.14 sec)
Records: 17  Duplicates: 0  Warnings: 0
```

图 8-3-2　使用 alter table 命令成功设置外键约束

（2）将上一任务中设置的外键约束 fk_id 删除。并重新设置外键约束 fk_id，设置字段与参照表和之前一致，在此基础上再要求如果在商品信息表（merchinfo）中删除某种商品，如果销售表（sale）中有销售该商品的记录，则同时删除相应销售该商品的记录。操作步骤如下：

① 删除外键约束 fk_id。语句为：

```
alter table sale drop foreign key  fk_id;
```

删除外键约束后，还需要删除设置外键约束产生的索引键，名称与外键约束名称相同，语句为：

```
alter table sale drop key fk_id;
```

② 重建外键约束，并要求设置级联效应。此时需要使用 on delete cascade 关键字，将其放

置在外键约束后面，具体语句如下：

```
alter table sale
add constraint fk_id foreign key(merchid)
references merchinfo(merchid)
on delete cascade;
```

语句执行后，一旦删除商品信息表中的商品，销售信息表中相应商品的销售信息也会被相应删除，如图 8-3-3 和图 8-3-4 所示。

mysql> select * from merchinfo;

Merchid	Merchname	merchprice	Spec	Merchnum	Cautionnum	Plannum	Provideid
S690180880	杏仁露	3.5	12斤/箱	50	2	50	G200312103
S693648936	排骨礼盒	87.5	500克	100	20	30	G200312103
S700120101	提子饼干	7.8	200克	25	3	20	G200312302
S700120102	老面包	5	300克	30	5	50	G200312302
S700120103	抹茶西饼	20	300克	50	5	50	G200312302
S800312101	QQ糖	12	10粒/袋	500	10	100	G200312105
S800313106	西红柿	22.4	30个/箱	50	5	20	G200312102
S800408101	方便面	29	20袋/箱	50	5	30	G200312101
S800408308	白糖	2	1斤/袋	100	10	50	G200312102
S800408309	胡萝卜	2.5	20斤/箱	20	1	15	G200312103

10 rows in set (0.00 sec)

mysql> select * from merchinfo;

Merchid	Merchname	merchprice	Spec	Merchnum	Cautionnum	Plannum	Provideid
S690180880	杏仁露	3.5	12斤/箱	50	2	50	G200312103
S700120101	提子饼干	7.8	200克	25	3	20	G200312302
S700120102	老面包	5	300克	30	5	50	G200312302
S700120103	抹茶西饼	20	300克	50	5	50	G200312302
S800312101	QQ糖	12	10粒/袋	500	10	100	G200312105
S800313106	西红柿	22.4	30个/箱	50	5	20	G200312102
S800408101	方便面	29	20袋/箱	50	5	30	G200312101
S800408308	白糖	2	1斤/袋	100	10	50	G200312102
S800408309	胡萝卜	2.5	20斤/箱	20	1	15	G200312103

9 rows in set (0.00 sec)

图 8-3-3　设置级联外键约束后删除父表 merchinfo 中的商品信息前后对照（上图是删除前，下图是删除后）

mysql> select * from sale;

saleid	Merchid	Saledate	Salenum	Saleprice	userid
1	S800408101	2011-01-04 00:00:00	1	25	2011010330
2	S800312101	2011-01-04 00:00:00	1	12	2011010330
3	S800408308	2011-01-06 00:00:00	2	4	2011010331
4	S693648936	2011-01-30 00:00:00	2	175	2011010332
5	S800408101	2011-01-30 00:00:00	1	25	2011010332
6	S693648936	2011-01-31 00:00:00	1	87.5	2011010333
7	S693648936	2011-01-31 00:00:00	2	175	2011010330
8	S693648936	2011-02-10 00:00:00	1	87.5	2011010331
9	S800408308	2011-02-10 00:00:00	5	10	2011010331
10	S693648936	2011-02-19 00:00:00	2	175	2011010333
11	S800408101	2011-02-19 00:00:00	1	25	2011010333
12	S693648936	2011-01-25 00:00:00	1	87.5	2011010330
13	S693648936	2011-01-25 00:00:00	1	87.5	2011010330
14	S800408101	2021-01-04 00:00:00	2	50	2011010330
15	S800312101	2021-01-04 00:00:00	2	24	2011010330
16	S800408308	2021-01-06 00:00:00	3	6	2011010331
17	S693648936	2021-01-30 00:00:00	2	175	2011010332

17 rows in set (0.01 sec)

图 8-3-4　设置级联外键约束后相应子表 sale 的销售信息删除前后对比（上图是删除前，下图是删除后）

```
mysql> select * from sale;
+--------+------------+---------------------+---------+-----------+------------+
| saleid | Merchid    | Saledate            | Salenum | Saleprice | userid     |
+--------+------------+---------------------+---------+-----------+------------+
|      1 | S800408101 | 2011-01-04 00:00:00 |       1 |        25 | 2011010330 |
|      2 | S800312101 | 2011-01-04 00:00:00 |       1 |        12 | 2011010330 |
|      3 | S800408308 | 2011-01-06 00:00:00 |       2 |         4 | 2011010331 |
|      5 | S800408101 | 2011-01-30 00:00:00 |       1 |        25 | 2011010332 |
|      9 | S800408308 | 2011-02-10 00:00:00 |       5 |        10 | 2011010331 |
|     11 | S800408101 | 2011-02-19 00:00:00 |       1 |        25 | 2011010333 |
|     14 | S800408101 | 2021-01-04 00:00:00 |       2 |        50 | 2011010330 |
|     15 | S800312101 | 2021-01-04 00:00:00 |       2 |        24 | 2011010330 |
|     16 | S800408308 | 2021-01-06 00:00:00 |       3 |         6 | 2011010331 |
+--------+------------+---------------------+---------+-----------+------------+
9 rows in set (0.00 sec)
```

图 8-3-4　设置级联外键约束后相应子表 sale 的销售信息删除前后对比（上图是删除前，下图是删除后）（续）

（3）创建一个名为 newsale 的表，包含字段 sno int、mno char(10)、salenum int，三个字段都不能为空，在 mno 字段上设置外键约束，参照 merchinfo 表的 merchid 字段。

结合基础知识，创建表的语句为：

```
create table newsale(sno int not null,
mno char(10) not null,
salenum int not null,
foreign key(mno) references merchinfo(merchid));
```

问题思考：设置外键约束语句格式正确，但是执行出错，如图 8-3-5 所示，是什么情况？

```
mysql> alter table course_selection add foreign key fk_cid(course_id) references course_info(course_id) on delete cascade;
ERROR 1215 (HY000): Cannot add foreign key constraint
```

图 8-3-5　设置外键约束报错

这种不能添加外键约束的情况主要是因为父表相关的字段没有设置主键约束或唯一约束。只要将父表相关字段设置好主键约束或唯一约束就可以正常设置外键约束了。

学习结果评价

序号	评价内容	评价标准	评价结果（是 / 否）
1	知识与技能	正确使用 CREATE TABLE 按要求设置外键约束	□是　□否
		正确使用 ALTER TABLE 按要求设置外键约束	□是　□否
2	职业规范	输入命令是否注意大小写	□是　□否
		是否认真对照约束设置前后的参照完整性表象	□是　□否
3	总　评	“是”与“否”在本次评价中所占百分比	“是”占______% “否”占______%

任务 8-4 实践训练——常用约束的创建与使用

实训目的

1. 学会按要求创建相应约束保证表内行的唯一。
2. 学会按要求创建相应的外键约束确保相关表之间数据一致。
3. 学会按要求创建相应的约束保证表内每列数据正确。

实训准备

1. 数据库 pxbgl 和数据库中七个数据表已经创建好，且每个表中都有完整的数据。
2. 认真阅读实训内容，学习实训所需知识和技能。

实训任务

使用 SQL 语句完成以下创建相应约束实施相关数据完整性的任务。

1. 将 pxbgl 数据库中学员信息表（student_info）中的学员编号（student_id）字段设置成主键约束。

2. 将 pxbgl 数据库中学员信息表（student_info）中的学员姓名（student_name）字段设置成唯一约束。

3. 将 pxbgl 数据库中选课表（course_selection）中的学员编号（student_id）和课程编号（course_id）两个字段设置为联合主键约束。

4. 将 pxbgl 数据库中请假表（sleave）中的编号（id）字段设置为主键约束，并自动增值。

5. 在 pxbgl 数据库中新建一个上海学员信息表（sh_student），字段分别为：sno int，sname varchar(10)，age int，gender char(1)，所有字段都不能为空，其中 sno 设置为自动增值，主键约束，sname 设置为唯一约束。

6. 将 pxbgl 数据库中课程信息表（course_info）中的 memo 字段设置为非空约束。

7. 将 pxbgl 数据库中课程信息表（course_info）中的 memo 字段的数据类型修改为 100 位可变长字符型，并设置默认值约束，默认值为“必修”。

8. 创建新表 newcourse，具体字段为：cno int，cname varchar(50)，perior int，要求表中 cno 字段不能为空，perior 字段设置默认值约束，默认值为 64。

9. 在 pxbgl 数据库中选课表（course_selection）中的 student_id 字段上设置外键约束，约束名称为 fk_id，该字段参照的是学员信息表（student_info）中的 student_id 字段。

10. 在 pxbgl 数据库中选课表（course_selection）中的 course_id 字段上设置外键约束，约束名称为 fk_cid，该字段参照的是课程信息表（course_info）中的 course_id 字段，并且要求该外键约束能够实现级联删除。

11. 删除任务 9 和任务 10 中创建的外键约束。

实训提示

1. 将 pxbgl 数据库中学员信息表（student_info）中的学员编号（student_id）字段设置成主键约束。

提示：在已经存在的表上创建单字段的主键约束，需要修改表的定义。参考命令为：

```
alter table student_info
add primary key(student_id);
```

2. 将 pxbgl 数据库中学员信息表（student_info）中的学员姓名（student_name）字段设置成唯一约束。

提示：唯一约束与主键约束除关键字不同，语法相似。参考命令为：

```
alter table student_info
add unique(student_name);
```

3. 将 pxbgl 数据库中选课表（course_selection）中的学员编号（student_id）和课程编号（course_id）两个字段设置为联合主键约束。

提示：联合主键约束与单字段主键相似，可参照任务 1 的命令。参考命令为：

```
alter table course_selection
add primary key(student_id,course_id);
```

4. 将 pxbgl 数据库中请假表（sleave）中的编号（id）字段设置为主键约束，并自动增值。

提示：自动增值约束必须是主键，而且是整型的字段。参考命令为：

```
alter table sleave modify id int primary key auto_increment;
```

5. 在 pxbgl 数据库中新建一个上海学员信息表（sh_student），字段分别为：sno int，sname varchar(10)，age int，gender char(1)，所有字段都不能为空，其中 sno 设置为自动增值，主键约束，sname 设置为唯一约束。

提示：创建表的同时创建约束，如果是单字段约束，只需要写在字段数据类型后面即可。参考命令为：

```
    create table sh_student(sno int primary key auto_increment,sname varchar(10)
not null unique,gender char(1));
```

6. 将 pxbgl 数据库中课程信息表（course_info）中的 memo 字段设置为非空约束。

提示：非空约束只需要在字段数据类型后面写上 not null 即可。参考命令为：

```
alter table course_info modify memo text not null;
```

7. 将 pxbgl 数据库中课程信息表（course_info）中的 memo 字段的数据类型修改为 100 位可变长字符型，并设置默认值约束，默认值为“必修”。

提示：默认值约束一般放在字段数据类型后面。参考命令为：

```
alter table course_info modify memo varchar(100) default '必修';
```

8. 创建新表 newcourse，具体字段为：cno int，cname varchar(50)，perior int，要求表中 cno 字段不能为空，perior 字段设置默认值约束，默认值为 64。

参考命令为：

```
create table newcourse(cno int not null,cname varchar(50),perior int
default 64);
```

9. 在 pxbgl 数据库中选课表（course_selection）中的 student_id 字段上设置外键约束，约束名称为 fk_id，该字段参照的是学员信息表（student_info）中的 student_id 字段。

提示：在已经存在的表上创建外键约束要注意修改表定义的命令格式。参考命令为：

```
alter table course_selection
add constraint fk_id foreign key(student_id) references student_info
(student_id);
```

10. 在 pxbgl 数据库中选课表（course_selection）中的 course_id 字段上设置外键约束，约束名称为 fk_cid，该字段参照的是课程信息表（course_info）中的 course_id 字段，并且要求该外键约束能够实现级联删除。

提示：在已经存在的表上创建外键约束时要实现级联删除需要加上关键字 on delete cascade。参考命令为：

```
alter table course_selection
add constraint fk_cid foreign key(course_id) references course_info(course_id)
on delete cascade;
```

11. 删除任务 9 和任务 10 中创建的外键约束。

提示：删除约束，使用修改表定义命令，尤其要注意删除外键约束时，还要另外删除外键约束产生的同名索引键。参考命令为：

```
alter table course_selection drop foreign key fk_id;
alter table course_selection drop  key fk_id;
alter table course_selection drop foreign key fk_cid;
alter table course_selection drop key fk_cid;
```

实训报告要求：

1. 结合实训提示，将实训过程中进行的各项工作和步骤记录在实训报告上。
2. 将实训过程中遇到的问题记录下来，结合具体的操作撰写实训心得体会。

实训结果评价

序号	评价内容	评价标准	评价结果（是 / 否）
1	知识与技能	成功按照要求创建主键约束、唯一约束和自动增值约束	□是　□否
		成功按照要求创建默认值约束和非空约束	□是　□否
		成功按照要求创建外键约束	□是　□否
		成功按照要求删除表中相关约束	□是　□否
2	职业规范	命令中大小写统一	□是　□否
		文档格式规范	□是　□否
3	总　评	“是”与“否”在本次评价中所占百分比	“是”占________% “否”占________%

工作任务 9 使用用户自定义函数

学习目标

（1）能理解和掌握系统变量、会话变量、用户变量和局部变量的概念和使用方法。

（2）能熟练使用流程控制语句编程。

（3）能熟练使用常用的内置函数。

（4）能按要求正确创建和调用自定义函数。

（5）能按要求正确使用游标。

素质目标

（1）通过线上同名课程的预习，培养借助网络平台搜索信息、学习新知识的能力。

（2）通过对数据库编程知识和技能的学习，有意识培养创新意识和创新精神。

（3）通过对数据库编程的反复练习和训练，有意识培养分析任务的能力和工匠精神。

最终目标

能熟练使用数据库编程技术创建、调用自定义函数。

任务 9-1 认识用户自定义函数

任务描述

能够按照要求通过 MySQL 编程技术完成用户自定义函数的编写和调用。

基础知识

（一）常量

常量是指程序运行中值始终不变的量。根据常量值的数据类型可将常量分为字符串常量、数值常量、日期时间常量等。

（二）变量

在 MySQL 中变量分为两种：系统变量和用户变量，但在实际使用过程中，还会遇到如局部变量、会话变量等概念。所以 MySQL 变量常用的大体有以下 4 种：全局变量、会话变量、用户变量和局部变量。

1. 全局变量

全局变量和会话变量都是 MySQL 系统变量。当服务器启动时，会将所有全局变量初始化为默认值。在此基础上，可以通过命令或选项文件中指定的选项更改这些默认值。要想更改全局变量，必须具有 super 权限。全局变量作用于 server 的整个生命周期，但是重启后所有设置的全局变量均失效。

（1）查看全局变量。有如下两种方式：

方式 1：

```
select @@global.变量名;
```

方式 2：

```
show global variables [like '匹配模式'|where 表达式];
```

如果查看所有全局变量可使用如下语句：

```
show global variables;
```

如果查看包含 version 的全局变量可使用如下语句：

```
show global variables like '%version%';
```

查询结果如图 9-1-1 所示。

```
mysql> show global variables like '%version%';
+-------------------------+------------------------------
| Variable_name           | Value
+-------------------------+------------------------------
| innodb_version          | 5.7.31
| protocol_version        | 10
| slave_type_conversions  |
| tls_version             | TLSv1,TLSv1.1,TLSv1.2
| version                 | 5.7.31
| version_comment         | MySQL Community Server (GPL)
| version_compile_machine | x86_64
| version_compile_os      | Linux
+-------------------------+------------------------------
8 rows in set (0.01 sec)
```

图 9-1-1　查询使用匹配模式指定名称的全局变量运行结果

（2）设置全局变量。有如下两种方式：

方式 1：

```
set global 变量名=值;
```

方式 2：

```
set @@global.变量名=值;
```

此处的global不能省略，set命令设置变量时若不指定global、session或local，默认使用session。

2. 会话变量

会话变量基本是全局变量的复制，MySQL当前客户端绑定，只对当前使用的客户端有效。无论怎样修改，当连接断开后，一切都会还原，下次连接时又是一次新的开始。

会话变量的查看与设置与全局变量相同，只是关键字由全局变量的global变为session。

3. 用户变量

用户变量就是用户自己定义的变量，也是在连接断开时失效，定义和使用相比会话变量来说简单许多。用户变量可以直接使用，无须用关键字declare进行定义。

使用SELECT命令查看用户变量，格式为：

```
select @变量名;
```

用户变量的设置有三种方式：

方式1：使用SET命令。格式如下：

```
set @变量名=值;
```

或：

```
set @变量名:=值;
```

方式2：使用SELECT命令。格式如下：

```
select @变量名:=值 [from子句  where子句];
```

方式3：使用SELECT...INTO语句。格式如下：

```
select 字段名1,字段名2,… from 表名或视图名
[where 子句] into @变量名1, @变量名2,… ;
```

或：

```
select 字段名1,字段名2,… into @变量名1, @变量名2,…
from 表名或视图名 [where 子句] ;
```

4. 局部变量

局部变量一般用在SQL语句块（begin ... end）中，其作用域仅限于该语句块，在该语句块执行完毕后，局部变量的生命周期结束。局部变量一般使用declare进行声明，可以使用default设置默认值。语句格式如下：

```
declare 变量名 数据类型 [default 默认值];
```

使用declare关键字定义局部变量，变量名和变量数据类型是必须要指定的，默认值可选。

可使用SET命令给局部变量赋值，格式如下：

```
set 变量名=值|表达式;
```

（三）常用系统函数

MySQL 提供的函数，不需要定义，可以直接使用，又称系统函数。系统函数主要分为以下几类：数学函数、数据类型转换函数、字符串函数、日期和时间函数、加密函数、系统信息函数、JSON 函数、其他常用函数等。

在 MySQL 中，函数不仅可以出现在 select 语句及其子句中，还可以出现在 update、delete 语句中。用户经常用到的系统函数见表 9-1-1 至表 9-1-5。

表 9-1-1　常用数学函数

分　类	函数名称	说　明
指数函数	SQRT(x)	求 *x* 的平方根
	POW(x,y) 或 POWER(x,y)	幂运算函数（计算 *x* 的 *y* 次方）
	EXP(x)	计算 e（自然对数的底约为 2.71828）的 *x* 次方
求近似值函数	ROUND(x,[y])	计算离 *x* 最近的整数；若设置参数 *y*，与 FORMAT(x,y) 功能相同
	TRUNCATE(x,y)	返回小数点后保留 *y* 位的 *x*（舍弃多余小数位，不进行四舍五入）
	FORMAT(x,y)	返回小数点后保留 *y* 位的 *x*（进行四舍五入）
	CEIL(x) 或 CEILING(x)	返回大于或等于 *x* 的最小整数
	FLOOR(x)	返回小于或等于 *x* 的最大整数
其他函数	RAND()	默认返回 [0,1] 之间的随机数
	ABS(x)	获取 *x* 的绝对值
	MOD(x,y)	求模运算，与 x%y 的功能相同

表 9-1-2　常用数据类型转换函数

函数名称	说　明
CONVERT(x,type)	以 type 类型返回 *x*
CONVERT(x USING 字符集)	以指定字符集返回 *x* 数据
CAST(x AS type)	以 type 类型返回 *x*

说明：
1. CONVERT() 和 CAST() 函数的参数 *x* 可以是任何类型的表达式。
2. 参数 type 的可选值为 binaray、char、date、datetime、decimal、json、signed [integer]、time 和 unsigned [integer]。

表 9-1-3　常用字符串函数

函数名称	说　明
CHAR_LENGTH()	获取字符串的长度
LENGTH()	获取字符串占用的字节数
REPEAT()	重复指定次数的字符串，并保存到一个新字符串中
SPACE()	重复指定次数的空格，并保存到一个新字符串中
UPPER()	将字符串全部转为大写字母，与 UCASE() 函数等价
LOWER()	将字符串全部转为小写字母，与 LCASE() 函数等价

续表

函数名称	说　明
STRCMP()	比较两个字符串的大小
REVERSE()	颠倒字符串的顺序
SUBSTRING()	从字符串的指定位置开始获取指定长度的字符串。与 MID() 函数等价
LEFT()	截取并返回字符串的左侧指定个字符
RIGHT()	截取并返回字符串的右侧指定个字符
LPAD()	按照限定长度从左到右截取字符串，当字符串的长度小于限定长度时在左侧填充指定的字符
RPAD()	按照限定长度从左到右截取字符串，当字符串的长度小于限定长度时在右侧填充指定的字符
INSTR()	返回子串在一个字符串中第一次出现的位置。与 LOCATE() 和 POSITION(... IN ...) 函数等价，但参数顺序不同
FIND_IN_SET()	获取子串在含有英文逗号分隔的字符串中的开始位置
LTRIM()	删除字符串左侧的空格，并返回删除后的结果
RTRIM()	删除字符串右侧的空格，并返回删除后的结果
TRIM()	删除字符串左右两侧的空格，并返回删除后的结果
INSERT()	从字符串的指定位置开始使用子串替换指定长度的字符串
REPLACE()	使用指定的子串替换字符串中出现的所有指定字符
CONCAT()	将参数连接成一个新字符串
CONCAT_WS()	使用指定分隔符将参数连接成一个新字符串

表 9-1-4　常用日期和时间函数

函数名称	描　述
CURDATE()	用于获取 MySQL 服务器当前日期，与 CURRENT_DATE() 等价
CURTIME()	用于获取 MySQL 服务器当前时间，与 CURRENT_TIME() 等价
NOW()	用于获取 MySQL 服务器当前日期和时间，与 LOCALTIME()、CURRENT_TIMESTAMP() 和 LOCALTIMESTAMP() 都等价
DATEDIFF()	判断两个日期之间的天数差距，参数日期必须使用字符串格式
DATE()	获取日期或日期时间表达式中的日期部分
TIME()	获取指定日期事件表达式中的时间部分
WEEK()	返回指定日期的周数
DAYNAME()	返回日期对应的星期名称（英文全称）
DAYOFMONTH()	返回指定日期中的天（1~31），与 DAY() 等价
DAYOFYEAR()	返回指定日期的天数
DAYOFWEEK()	返回日期对应的星期几（1= 周日，2= 周一，…，7= 周六）
FROM_UNIXTIME()	将指定的时间戳转成对应的日期时间格式
EXTRACT()	按照指定参数提取日期中的数据
DATE_SUB()	从日期中减去时间值（时间间隔）
DATE_ADD()	在指定的日期上添加日期时间

表 9-1-5　常用加密函数

函数名称	作　用
MD5()	使用 MD5 计算并返回一个 32 位的字符串
AES_ENCRYPT()	使用密钥对字符串进行加密，默认返回一个 128 位的二进制数
AES_DECRYPT()	使用密钥对密码进行解密
SHA1() 或 SHA()	利用安全散列算法 SHA-1 字符串，返回 40 个十六进制数字组成的字符串
SHA2()	利用安全散列算法 SHA-2 字符串
ENCODE()	使用密钥对字符串进行编码，默认返回一个二进制数
DECODE()	使用密钥对密码进行解码
PASSWORD()	计算并返回一个 41 位的密码字符串

（四）自定义函数

MySQL 中除了系统函数以外，还允许用户自定义函数。用户自定义函数，简称自定义函数，是由多条语句组成的语句块，每一条语句都使用结束符“;”。MySQL 只要遇见语句结束符就会自动开始执行，但是在 MySQL 中，函数、存储过程等数据库编程对象只需要在被调用时才执行，所以在定义这些数据库编程对象时需要临时修改语句结束符。修改语句结束符的方法如下：

```
delimiter 新结束符
  …
新结束符
```

使用 delimiter 修改语句结束符后，数据库编程对象内部就可以正常使用分号结束符，系统将不会自动执行数据库编程对象内部的 SQL 语句。在使用新结束符结束定义数据库对象后，还要使用 DELIMITER 关键字将语句结束符修改回“;”，即：

```
delimiter ;
```

（1）创建自定义函数的语句格式：

```
create function 函数名 ([ 参数名 数据类型 , …])
returns 返回值类型
[begin]
函数体
    return 返回值 ;
[end]
```

① 函数名：符合语法规定，使用字母、数字或下画线。

② returns：用于指定函数返回值的类型。

（2）查看自定义函数的语句格式：

①查看函数的创建语句。

```
show create function 函数名 ;
```

②查看函数状态

```
show function status like '函数名';
```

（3）调用自定义函数的语句格式：

```
select 函数名1(实参列表), 函数名2(实参列表), …;
```

（4）删除自定义函数的语句格式：

```
drop function [if exists] 函数名;
```

任务实现

（一）操作条件

supermarket 数据库以及数据库内的七个数据表都已经创建好，并且每个数据表中都有完整的数据。

（二）安全及注意事项

注意当前的语句结束符是什么，如果改变请按要求及时改回。

（三）操作过程

（1）根据创建自定义函数语句格式，创建一个简单自定义函数，函数名为 sayHello，有一个参数 name，30 位可变长字符型，函数返回值类型是 50 位可变长字符型。

根据基础知识，结合之前学习的内容，可以得到如下语句：

```
delimiter  $$
create function sayHello(name varchar(30))
returns varchar(50)
   begin
       return concat('Hello',name);
   end $$
delimiter ;
```

上述语句执行后可得到图 9-1-2 所示运行结果，表示自定义函数 sayHello 创建成功。

```
mysql> delimiter  $$
mysql> create function sayHello(name varchar(30))
    -> returns varchar(50)
    ->  begin
    ->    return concat('Hello',name);
    -> end $$
Query OK, 0 rows affected (0.01 sec)
```

图 9-1-2　成功创建自定义函数 sayHello

（2）调用创建好的自定义函数 sayHello。

根据基础知识可知，可以使用 SELECT 语句调用自定义函数 sayHello，语句如下：

```
select sayHello('张三');
```

语句执行后可得到图 9-1-3 所示运行结果。

```
mysql> select sayHello('张三');
+--------------------+
| sayHello('张三')    |
+--------------------+
| Hello张三           |
+--------------------+
1 row in set (0.01 sec)
```

图 9-1-3　调用自定义函数 sayHello 运行结果

（3）查看自定义函数 sayHello。

结合基础知识，先查看自定义函数创建信息，可以使用如下语句：

```
show create function sayHello \G
```

得到图 9-1-4 所示运行结果。

```
mysql> show create function sayHello \G
*************************** 1. row ***************************
            Function: sayHello
            sql_mode: ONLY_FULL_GROUP_BY,STRICT_TRANS_TABLES,NO_ZERO_IN_DATE,NO_ZERO_DATE,ERROR_FOR_DIVISION_BY_ZERO,NO_AUTO_CREATE_US
ER,NO_ENGINE_SUBSTITUTION
     Create Function: CREATE DEFINER=`root`@`%` FUNCTION `sayHello`(name varchar(30)) RETURNS varchar(50) CHARSET utf8
begin
   return concat('Hello',name);
end
character_set_client: utf8
collation_connection: utf8_general_ci
  Database Collation: utf8_general_ci
1 row in set (0.00 sec)
```

图 9-1-4　查看自定义函数 sayHello 的创建信息

然后，再查看自定义函数的状态，使用如下语句：

```
show function status like 'sayHello';
```

得到图 9-1-5 所示运行结果。

```
mysql> show function status like 'sayHello';
+-------------+----------+----------+---------+---------------------+---------------------+---------------+---------+-----------------
-----+----------------------+--------------------+
| Db          | Name     | Type     | Definer | Modified            | Created             | Security_type | Comment | character_set_cl
ient | collation_connection | Database Collation |
+-------------+----------+----------+---------+---------------------+---------------------+---------------+---------+-----------------
-----+----------------------+--------------------+
| supermarket | sayHello | FUNCTION | root@%  | 2021-06-17 22:58:37 | 2021-06-17 22:58:37 | DEFINER       |         | utf8
     | utf8_general_ci      | utf8_general_ci    |
+-------------+----------+----------+---------+---------------------+---------------------+---------------+---------+-----------------
-----+----------------------+--------------------+
1 row in set (0.00 sec)
```

图 9-1-5　查看自定义函数 sayHello 的状态

（4）删除自定义函数 sayHello。

根据基础知识中的语句格式，可使用如下语句删除自定义函数 sayHello：

```
drop function sayHello;
```

语句执行后得到图 9-1-6 所示运行结果，表示自定义函数删除成功。

```
mysql> drop function sayHello;
Query OK, 0 rows affected (0.01 sec)
```

图 9-1-6　成功删除自定义函数 sayHello

问题思考：创建用户自定义函数后，发现使用“;”结束语句，无法正常执行语句，是什么情况？

创建自定义函数时，使用 delimiter 命令修改语句结束符后，在自定义函数创建结束后，要再使用 delimiter 命令将语句结束符修改回“;”，才能使语句正常执行。

学习结果评价

序号	评价内容	评价标准	评价结果（是/否）
1	知识与技能	正确使用 delimiter 按要求设置语句结束符	□是　□否
		正确使用 create function 按要求创建自定义函数	□是　□否
		正确使用 show 按要求查看自定义函数	□是　□否
		正确使用 drop function 按要求删除自定义函数	□是　□否
2	职业规范	输入命令是否注意大小写	□是　□否
		因创建自定义函数修改的语句结束符在完成创建自定义函数后是否重新修改回“;”	□是　□否
3	总　评	“是”与“否”在本次评价中所占百分比	“是”占______% “否”占______%

任务 9-2　创建用户自定义函数

任务描述

能根据要求使用常量、变量、系统函数、流程控制语句等编程元素创建用户自定义函数。

基础知识

1. 语句块

语句块是将多个 SQL 语句“括”起来，相当于一个单一语句的一组语句。语法格式为：

```
begin
    语句 1 或语句块 1
end
```

begin ... end 语句块可以嵌套，begin 和 end 定义语句块时，必须成对出现。

2. 条件分支结构

① if 表达式：

```
if(条件，表达式 1，表达式 2)
```

功能是如果条件为真，则返回表达式 1 的值，否则返回表达式 2 的值。因为是表达式，所以可以使用在任何可以放置表达式、变量、常量的地方，比如放在 select 语句中。

② if 语句：

```
if 条件 1 then 语句 1;
[elseif 条件 2 then 语句 2;]
...
[else 语句 n;]
end if;
```

功能是实现多分支选择，并且该语句只能用在 begin...end 语句块中。

③ case 表达式，有两种情况。具体格式分别如下：

格式 1：

```
case 表达式
    when 值 1 then 结果 1
    when 值 2 then 结果 2
    ...
    [else 结果 n]
end
```

功能是先计算出 case 后表达式的值，然后和 when 后的值进行比较，跟哪个值一样，其对应的 then 的结果就是该 case 表达式的值；如果都不同，则 else 后的结果就是该 case 表达式的值。

格式 2：

```
case
    when 条件 1 then 结果 1
    when 条件 2 then 结果 2
    ...
    [else 结果 n]
end
```

功能是依次判断 when 后面的条件，若条件为 true，则其后对应的 then 的结果就是该 case 表达式的值；如果条件都为 false，则 else 后的结果就是该 case 表达式的值。

3. 循环结构

① while 语句是先判断后执行循环体的循环语句，具体语法格式：

```
[标签:]
while 循环条件 do
    循环体;
end while [标签];
```

功能是先判断循环条件，若为 true，则执行循环体，执行完再判断条件，直到条件为 false，则循环结束。

② loop 语句是重复执行循环体，具体语法格式：

```
[标签:]
loop
    循环体;
end loop [标签];
```

但是 loop 本身没有包含中断循环的条件，通常都是和其他条件控制语句一起使用，可以使用 LEAVE 中断循环语句，具体语法格式：

```
leave 标签;
```

③ repeat 语句是先执行循环体再判断条件，若条件为 true，继续执行循环体；若条件为 false，则循环结束。该语句至少执行一次循环体，具体语句格式：

```
[标签:]
repeat
    循环体;
    until 结束循环的条件
end repeat [标签];
```

任务实现

（一）操作条件

supermarket 数据库以及数据库内的七个数据表都已经创建好，并且每个数据表中都有完整的数据。

（二）安全及注意事项

注意当前的语句结束符是什么，如果改变请按要求及时改回。

（三）操作过程

（1）在 supermarket 数据库中创建一个名为 search 的自定义函数，要求判断输入的商品名称在商品信息表（merchinfo）中是否能找到，如果找到就返回对应的商品编号，如果找不到，返回 0000。

分析：任务要求输入的是商品名称，函数的返回值是商品编号或是“0000”，结合 supermarket 数据库的 merchinfo 表的结构，函数参数应该是 50 位可变长字符型，返回值应该是 10 位可变长字符型。则创建 search 函数的语句如下：

```
delimiter //
create function search(name varchar(50))
returns varchar(10)
 begin
    declare bh varchar(10);
    select merchid into bh from merchinfo  where merchname=name;
return if (bh is null,'0000',bh);
```

```
end
//
```

可以得到图 9-2-1 所示的运行结果，表示 search 函数成功创建。

```
mysql> delimiter //
mysql> create function search(name varchar(50))
    -> returns varchar(10)
    ->  begin
    ->    declare bh varchar(10);
    ->    select merchid into bh from merchinfo  where merchname=name;
    -> return if (bh is null,'0000',bh);
    -> end;
    -> //
Query OK, 0 rows affected (0.00 sec)
```

图 9-2-1　创建 search 函数成功

为确保创建的 search 函数正确，可以通过调用 search 函数进行判断，例如使用如下语句：

```
select search('百雀羚');
```

和：

```
select search('方便面');
```

分别执行调用 search 函数，可以得到图 9-2-2 左、右图所示的运行结果，从运行结果可以看到创建的 search 函数功能完全符合任务要求。

```
mysql> select search('百雀羚');
+--------------------+
| search('百雀羚')    |
+--------------------+
| 0000               |
+--------------------+
1 row in set (0.32 sec)
```

```
mysql> select search('方便面')//
+--------------------+
| search('方便面')    |
+--------------------+
| S800408101         |
+--------------------+
1 row in set (0.00 sec)
```

图 9-2-2　调用 search 函数的运行结果（左图表示在商品信息表中没找到指定商品，右图表示找到）

（2）创建自定义函数 title，要求该函数能通过查询用户信息表（users）的用户类型值（userstyle）确定用户的职务，用户姓名作为输入参数，10 位可变长字符型数据，返回用户职务，20 位可变长字符型数据。

根据任务要求，可得到如下语句：

```
delimiter //
create function title(name varchar(10))
returns varchar(20)
begin
declare tt varchar(20);
select distinct (case userstyle
when 1 then '普通员工'
when 2 then '经理'
else '填写错误'
```

```
end)  into tt
from users
where username=name;
return if(tt is not null,tt,'填写错误');
end
//
```

语句执行后得到图 9-2-3 所示的运行结果，表示函数成功创建。

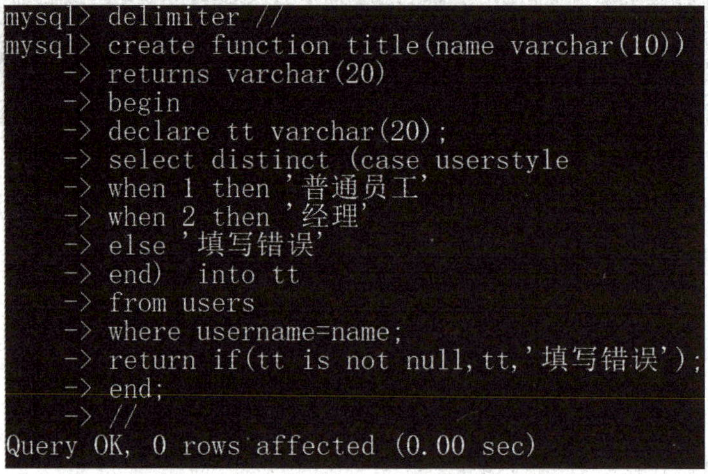

```
mysql> delimiter //
mysql> create function title(name varchar(10))
    -> returns varchar(20)
    -> begin
    -> declare tt varchar(20);
    -> select distinct (case userstyle
    -> when 1 then '普通员工'
    -> when 2 then '经理'
    -> else '填写错误'
    -> end)  into tt
    -> from users
    -> where username=name;
    -> return if(tt is not null,tt,'填写错误');
    -> end;
    -> //
Query OK, 0 rows affected (0.00 sec)
```

图 9-2-3　成功创建 title 函数

使用语句：

```
select title('张晓娟');
select title('陈光耀');
```

调用 title 函数，可得到图 9-2-4 所示的运行结果。

（3）删除创建的 search 函数和 title 函数。

结合基础知识，可使用如下语句删除两个函数：

```
drop function search;
drop function title;
```

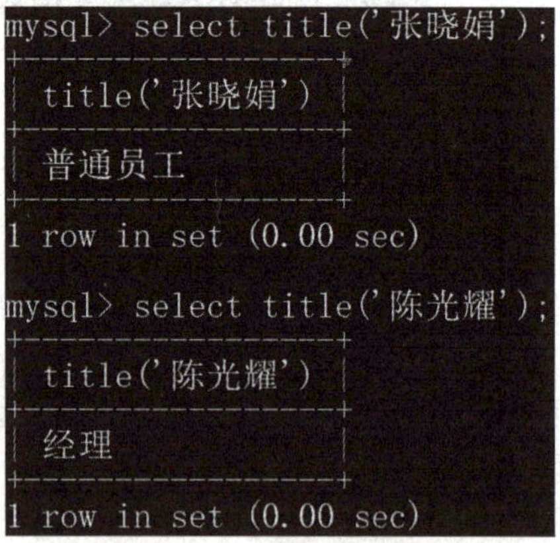

```
mysql> select title('张晓娟');
+------------------+
| title('张晓娟')  |
+------------------+
| 普通员工         |
+------------------+
1 row in set (0.00 sec)

mysql> select title('陈光耀');
+------------------+
| title('陈光耀')  |
+------------------+
| 经理             |
+------------------+
1 row in set (0.00 sec)
```

图 9-2-4　调用 title 函数

（4）在 supermarket 数据库中创建用户自定义函数 amount，要求该函数能够返回指定会员（给出会员编号）在当前日期前的消费总额。

分析：根据任务要求可以知道会员编号是输入参数，返回值是消费总额，是浮点型数据，可以使用聚合函数求和得出。为此，可得到以下语句：

```
delimiter //
create function amount(bh varchar(10))
returns float
```

```
begin
 declare xfze float ;
 select sum(dealingprice) from dealing
where memberid=bh and dealingdate<curdate() into xfze ;
 return xfze ;
end //
delimiter ;
```

语句执行后可得到如图 9-2-5 所示的运行结果，表示 amount 函数已经成功创建。

```
mysql> create function amount(bh varchar(10))
    -> returns float
    -> begin
    ->  declare xfze float ;
    ->  select sum(dealingprice) from dealing
    -> where memberid=bh and dealingdate<curdate() into xfze ;
    ->  return xfze ;
    -> end //
Query OK, 0 rows affected (0.00 sec)
```

图 9-2-5　amount 函数创建成功

若想验证 amount 函数的功能是否符合要求，可以执行调用 amount 函数语句：

```
select amount('1002300018') ;
```

得到图 9-2-6 左图所示的运行结果，看到会员 1002300018 在当前日期前的消费总额为 385 元。这个消费总额是否正确，可以执行以下查询语句：

```
select sum(dealingprice) from dealing
where memberid='1002300018' and dealingdate<curdate();
```

得到图 9-2-6 右图所示的运行结果，看到查询到的结果与调用函数所得结果相同。

```
mysql> select amount('1002300018');
+----------------------+
| amount('1002300018') |
+----------------------+
|                  385 |
+----------------------+
1 row in set (0.00 sec)
```

```
mysql> select sum(dealingprice) from dealing
    -> where memberid='1002300018' and dealingdate<curdate();
+-------------------+
| sum(dealingprice) |
+-------------------+
|               385 |
+-------------------+
1 row in set (0.00 sec)
```

图 9-2-6　左图为调用 amount 函数的运行结果，右图为相同条件的查询语句运行结果

（5）在 supermarket 数据库中，想通过供应商名称（providename）查询出该供应商供货的商品的品种数，要求创建用户自定义函数 spzs 实现该功能。

结合子查询的相关知识，可知要根据供应商名称查询到该供应商供货的商品品种数需要使用单值比较子查询作为父查询的条件。再结合自定义函数的知识，可以得到如下创建函数的语句：

```
delimiter $$
create function spzs(mc varchar(50))
returns int
```

```
begin
 declare zs int default 0;
 select count(merchid) into zs
 from merchinfo
 where provideid=(select provideid from provide
where providename=mc) ;
 return zs;
end $$
delimiter ;
```

图 9-2-7 显示出 spzs 函数成功创建。

```
mysql> create function spzs(mc varchar(50))
    -> returns int
    -> begin
    ->  declare zs int default 0;
    ->  select count(merchid) into zs
    ->  from merchinfo
    ->  where provideid = (select provideid from provide
    -> where providename = mc) ;
    ->  return zs;
    -> end $$
Query OK, 0 rows affected (0.14 sec)
```

图 9-2-7　spzs 函数成功创建

调用 spzs 函数的语句为：

```
select spzs('朝阳食品有限公司');
```

图 9-2-8 显示出"朝阳食品有限公司"提供了 2 种商品。

```
mysql> select spzs('朝阳食品有限公司');
+------------------------------+
| spzs('朝阳食品有限公司')     |
+------------------------------+
|                            2 |
+------------------------------+
1 row in set (1.66 sec)
```

图 9-2-8　调用 spzs 函数得到"朝阳食品有限公司"供应的商品种数

（6）创建自定义函数 func_sum()。函数功能：使用循环结构计算从 1 开始 100 以内整数的和。

基础知识中介绍了循环结构的三种语句，下面分别使用这三种语句实现任务要求的功能。

使用 while 语句：

```
delimiter //
create function func_sum()
returns int
begin
  declare s int default 0;
```

```
    declare i int default 1;
    while i<=100 do
      set s=s+i;
      set i=i+1;
    end while;
    return s;
  end
  //
  delimiter ;
```

使用 loop 语句：

```
  delimiter //
  create function func_sum()
  returns int
  begin
    declare i int default 1;
    declare sum int default 0;
    sign: loop
        set sum=sum+i;
        set i=i+1;
        if i>100
          then return sum;
          leave sign;
        end if;
    end loop sign;
  end
  //
```

使用 repeat 语句：

```
  delimiter //
  create function func_sum()
  returns int
  begin
    declare i int default 1;
    declare sum int default 0;
    repeat
        set sum=sum+i;
        set i=i+1;
        until i>100 end repeat;
      return sum;
  end
  //
```

这三种循环语句都能够实现从 1 开始 100 以内整数的求和，调用函数语句为：

```
select func_sum();
```

执行后得到图 9-2-9 所示运行结果。

```
mysql> select func_sum();
+------------+
| func_sum() |
+------------+
|       5050 |
+------------+
1 row in set (0.00 sec)
```

图 9-2-9　调用 func_sum 函数运行结果

问题思考：调用含有 WHILE 循环结构的函数时死机，可能是什么情况?

while 循环是先判断条件，再执行循环体，如果在循环体内没有修改循环变量的语句，会出现循环条件始终满足而产生死循环的情况。

学习结果评价

序号	评价内容	评价标准	评价结果（是/否）
1	知识与技能	正确使用编程元素编程实现自定义函数功能	□是　□否
		正确使用条件分支结构实现自定义函数功能	□是　□否
		正确使用循环结构实现自定义函数功能	□是　□否
2	职业规范	输入命令是否注意大小写	□是　□否
		因创建自定义函数修改的语句结束符在完成创建自定义函数后是否重新修改回“;”	□是　□否
3	总　评	“是”与“否”在本次评价中所占百分比	“是”占________% “否”占________%

任务 9-3　使用游标

任务描述

能根据要求使用编程元素和游标创建、调用用户自定义函数。

基础知识

视频

基础知识之游标

1. 游标

游标又称光标，是用于标识使用 select 语句从一个或多个基本表中选取出的一个结果集，类似于高级语言中的数据指针，移动指针可以取得指针所指的数据，通过移动游标也可以在结果集中提取某行数据，通过游标可反映基本表数据的变化，也可以通过游标修改基本表数据。

2. 游标的使用

用游标（cursor）可以选择一组记录，它可以在这组记录上滚动，可以检查游标所指的每一行数据，可以取出该行数据进行再处理。游标的使用需要先定义，再打开进行数据处理，具体步骤如下：

（1）声明游标（declare）。游标必须先声明后使用，声明的主要内容有游标的名称、数据结果集的来源（即 select 语句，包括结果集选取的条件）、游标的属性（两种属性：只读和可操作）。声明游标的语法格式具体如下：

```
declare 游标名称  cursor
for select 语句；
```

（2）打开游标（open）。声明过后，通过 open 语句打开游标，才可使用。open 语句格式如下：

```
open  游标名称；
```

（3）读取游标（fetch）。打开游标后，要想从结果集中检索单独的行，就要用到 fetch 语句，格式如下：

```
fetch [next] [from] 游标名称 into 变量名 1 [,…变量名 n]
```

其中，NEXT 关键字说明读取数据的位置，可从英文字面的意思来理解；into 子句是将游标中提取的数据存入局部变量，变量的个数及类型要与声明游标时的 select 语句所选取的列一一对应。在 MySQL 游标（cursor）中，可以定义 continue handler 来操作一个越界标识，使用语法：declare continue handler for not found statement;（当没数据的时候要执行的语句）。

（4）关闭游标（close）。用 close 语句关闭游标，语法格式如下：

```
close 游标名称；
```

任务实现

（一）操作条件

supermarket 数据库以及数据库内的七个数据表都已经创建好，并且每个数据表中都有完整的数据。

视 频

创建自定义函数实现功能

（二）安全及注意事项

注意查看已经存在的表的基本结构，注意表中数据是否有空数据。

（三）操作过程

（1）创建名为 amount_cursor 的自定义函数，要求不使用求和函数（sum()），实现该函数能够列出指定会员在当前日期前的消费总金额的功能。

分析：这个任务就是要使用游标和循环将消费金额逐个累加，最后得到一个消费总金额。游标的定义、打开、获取数据以及关闭这几个环节都要用到，获取数据结合循环一起使用，具体语句如下：

```
delimiter $$
create function amount_cursor (bh varchar(10))
returns float
begin
declare xfje float;
declare je float;
declare ergodic int default 1;
declare  price cursor
  for
  select dealingprice from dealing
  where  memberid=bh and dealingdate<curdate();
  declare continue handler for NOT FOUND set ergodic:=0;
  set xfje:=0;
  set je:=0;
  open price;
  fetch next from price into je;
  repeat
    set xfje := xfje + je;
    fetch next from price into je;
    until ergodic=0 end repeat;
  return xfje;
close price;
end $$
delimiter ;
```

语句执行结果如图 9-3-1 所示，表示自定义函数 amount_cursor 创建成功。

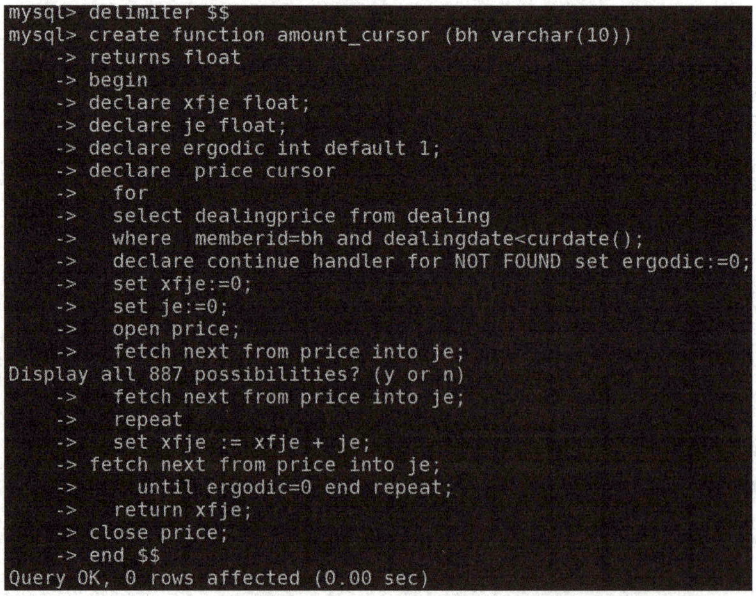

```
mysql> delimiter $$
mysql> create function amount_cursor (bh varchar(10))
    -> returns float
    -> begin
    -> declare xfje float;
    -> declare je float;
    -> declare ergodic int default 1;
    -> declare  price cursor
    ->   for
    ->   select dealingprice from dealing
    ->   where  memberid=bh and dealingdate<curdate();
    ->   declare continue handler for NOT FOUND set ergodic:=0;
    ->   set xfje:=0;
    ->   set je:=0;
    ->   open price;
    ->   fetch next from price into je;
Display all 887 possibilities? (y or n)
    ->   fetch next from price into je;
    ->   repeat
    ->   set xfje := xfje + je;
    -> fetch next from price into je;
    ->     until ergodic=0 end repeat;
    ->   return xfje;
    -> close price;
    -> end $$
Query OK, 0 rows affected (0.00 sec)
```

图 9-3-1　成功创建使用游标的自定义函数 amount_cursor

调用自定义函数 amount_cursor，查询会员“1002300018”的消费总金额，结果如图 9-3-2 所示，从图中可以看到，使用游标创建的自定义函数得到的结果与之前使用求和函数 sum() 创建的自定义函数得到的结果相同，可对比图 9-2-6。

```
mysql> select amount_cursor('1002300018');
+-----------------------------+
| amount_cursor('1002300018') |
+-----------------------------+
|                         385 |
+-----------------------------+
1 row in set (0.00 sec)
```

图 9-3-2　调用 amount_cursor 得到会员“1002300018”的消费总金额

（2）使用游标创建自定义函数 func1，用来统计 sale 表中销售金额（saleprice）高于 20 的记录数。

视 频

使用游标创建自定义函数

根据任务要求，我们不能使用计数函数 count()，需要使用游标和循环语句来逐条记录进行比较，销售金额高于 20 的就计数一次，依次类推，直到表中记录全部遍历。结合基础知识我们可以得到如下创建自定义函数的语句：

```
delimiter //
create function func1()
    returns int
    begin
     declare m int default 0;
     declare flag int default 1;
     declare p float;
     declare cc cursor for select saleprice from sale;
     declare continue handler for not found set flag=0;
     open cc;
     fetch next from cc into p;
     repeat
     if p>20 then
         set m=m+1;
     end if;
     fetch next from cc into p;
     until flag=0 end repeat;
     return m;
     close cc;
   end//
delimiter ;
```

语句执行后得到图 9-3-3 所示的运行结果，表示自定义函数 func1 成功创建。调用函数 func1 后的运行结果如图 9-3-4 所示。

```
mysql> create function func1()
    ->      returns int
    ->      begin
    ->       declare m int default 0;
    ->       declare flag int default 1;
    -> declare p float;
    -> declare cc cursor for select saleprice from sale;
    ->       declare continue handler for not found set flag=0;
    ->       open cc;
    ->       fetch next from cc into p;
    ->       repeat
    ->      if p>20 then
    ->       set m=m+1;
    ->       end if;
    ->       fetch next from cc into p;
    ->       until flag=0 end repeat;
    ->       return m;
    ->       close cc;
    ->       end//
Query OK, 0 rows affected (0.00 sec)
```

图 9-3-3　成功创建自定义函数 func1

```
mysql> select * from sale//
+--------+------------+---------------------+---------+-----------+------------+
| saleid | Merchid    | Saledate            | Salenum | Saleprice | userid     |
+--------+------------+---------------------+---------+-----------+------------+
|      1 | S800408101 | 2011-01-04 00:00:00 |       1 |        25 | 2011010330 |
|      2 | S800312101 | 2011-01-04 00:00:00 |       1 |        12 | 2011010330 |
|      3 | S800408308 | 2011-01-06 00:00:00 |       2 |         4 | 2011010331 |
|      5 | S800408101 | 2011-01-30 00:00:00 |       1 |        25 | 2011010332 |
|      9 | S800408308 | 2011-02-10 00:00:00 |       5 |        10 | 2011010331 |
|     11 | S800408101 | 2011-02-19 00:00:00 |       1 |        25 | 2011010333 |
|     14 | S800408101 | 2021-01-04 00:00:00 |       2 |        50 | 2011010330 |
|     15 | S800312101 | 2021-01-04 00:00:00 |       2 |        24 | 2011010330 |
|     16 | S800408308 | 2021-01-06 00:00:00 |       3 |         6 | 2011010331 |
+--------+------------+---------------------+---------+-----------+------------+
9 rows in set (0.01 sec)
```

```
mysql> select func1();
+---------+
| func1() |
+---------+
|       5 |
+---------+
1 row in set (0.01 sec)
```

图 9-3-4　参照销售信息（上）的调用自定义函数 func1 的运行结果（下）

（3）创建一个名为 func_provide 的自定义函数，要求该函数可以根据输入的省份返回该省的供应商个数。

根据要求可知自定义函数的输入参数是字符型的，用来表示省份名称，返回值是表示供应商个数的整型数据。具体实施时仍然是使用游标和循环语句实现按照查询条件逐条记录遍历并计数。具体创建自定义函数的语句如下：

```
delimiter //
create function func_provide(n varchar(20))
returns int
begin
declare m int default 0;
```

```
    declare flag int default 1;
    declare pid varchar(10);
    declare cur_addr cursor for select provideid from provide where provideaddress
like concat('%',n,'%');
    declare continue handler for not found set flag=0;
    open cur_addr;
    fetch cur_addr into pid;
    repeat
    if pid <>'' then
       set m=m+1;
    end if;
    fetch cur_addr into pid;
    until flag=0 end repeat;
    return m;
    close cur_addr;
    end//
    delimiter ;
```

语句执行后得到图 9-3-5 所示的运行结果，表示自定义函数创建成功，调用函数可得到图 9-3-6 所示的运行结果。

```
mysql> create function func_provide(n varchar(20))
    ->     returns int
    ->     begin
    -> declare m int default 0;
    -> declare flag int default 1;
    -> declare pid varchar(10);
    -> declare cur_addr cursor for select provideid from provide where provideaddress like concat('%',n,'%');
    -> declare continue handler for not found set flag=0;
    -> open cur_addr;
    -> fetch cur_addr into pid;
    -> repeat
    -> if pid <>'' then
    -> set m=m+1;
    -> end if;
    -> fetch cur_addr into pid;
    -> until flag=0 end repeat;
    -> return m;
    -> close cur_addr;
    ->      end//
Query OK, 0 rows affected (0.00 sec)
```

图 9-3-5　成功创建自定义函数 func_provide

```
mysql> select * from provide where provideaddress like '%江苏%';
    -> //
+------------+--------------------------+------------------------------+--------------+
| provideid  | providename              | provideaddress               | providephone |
+------------+--------------------------+------------------------------+--------------+
| G200312102 | 朝阳食品有限公司         | 江苏省无锡市南长区           | 05108270378* |
| G200312104 | 松原食品有限公司         | 江苏省江阴市                 | 05105167809* |
| G200312105 | 正鑫食品有限公司         | 江苏省无锡市北塘区           | 05108261345* |
| G200312301 | 宜兴紫砂厂               | 江苏省宜兴市                 | 01385955445* |
| G200312302 | 康元食品有限公司         | 江苏省无锡市梁溪区           | 05101234543* |
| G202112011 | 新的供应商               | 江苏省                       | 05108310245* |
+------------+--------------------------+------------------------------+--------------+
6 rows in set (0.00 sec)
```

图 9-3-6　对照查询结果（上）的调用 func_provide 函数的运行结果（下）

```
mysql> select func_provide('江苏')//
+-------------------------+
| func_provide('江苏')    |
+-------------------------+
|                       6 |
+-------------------------+
1 row in set (0.00 sec)
```

图 9-3-6　对照查询结果（上）的调用 func_provide 函数的运行结果（下）（续）

问题思考：使用游标时，fetch 语句只放在循环体内，虽然设置了游标结束的标记，如：declare continue handler for not found set ergodic:=0; 但是会发现符合条件的最后一条数据会读取两次，怎么解决？

在进入循环前，先读取一次数据，然后开始循环，这样可以先判断读取的数据再循环，就不会出现重复读取最后一条记录的情况了。

学习结果评价

序号	评价内容	评价标准	评价结果（是 / 否）
1	知识与技能	正确按步骤使用游标	□是　□否
		正确使用循环配合游标实现自定义函数功能	□是　□否
		正确使用 create function 创建自定义函数	□是　□否
2	职业规范	输入命令是否注意大小写	□是　□否
		因创建自定义函数修改的语句结束符在完成创建自定义函数后是否重新修改回“;”	□是　□否
3	总　评	“是”与“否”在本次评价中所占百分比	“是”占______% “否”占______%

任务 9-4　实践训练——用户自定义函数的创建与使用

实训目的

1. 学会按要求创建用户自定义函数。
2. 学会按要求使用游标创建自定义函数。

实训准备

1. 数据库 pxbgl 和数据库中七个数据表已经创建好，且每个表中都有完整的数据。

2. 认真阅读实训内容，学习实训所需知识和技能。

实训任务

一、使用 SQL 语句完成以下创建用户自定义函数的任务。

1. 创建一个名为 forSum 的自定义函数，要求该函数有两个参数 a 和 b，两个参数都是整型数据，函数返回值也是整型数据。

2. 调用自定义函数 forSum 求 35 与 45 的和，并将函数调用结果赋值给用户变量 @fun，然后查看变量 @fun 的值。

3. 查看自定义函数 forSum 的创建信息。

4. 删除自定义函数 forSum。

5. 在 pxbgl 数据库中创建自定义函数 arrea()，要求该函数返回交费表（pay_info）中的欠费总额（arrearage 字段求和），并调用该函数。

6. 在 pxbgl 数据库中创建自定义函数 coursenum()，要求该函数能够根据学员姓名统计出该学员的选课门数，需要用到选课表（course_selection）。创建后调用函数返回“张林”选课的门数。

7. 在 pxbgl 数据库中创建一个统计学员培训天数的自定义函数 pxDays()，要求通过学员编号和学员姓名两项内容统计，返回学员培训天数。创建后调用函数返回 11 号“李小林”的培训天数。

8. 创建一个自定义函数 mul()，要求该函数返回 5!。

二、使用 SQL 语句完成以下使用游标创建用户自定义函数的任务。

1. 使用游标创建自定义函数 female()，统计 pxbgl 数据库中的女学员信息的个数，需要使用学员信息表（student_info）。调用 female() 函数。

2. 在 pxbgl 数据库中创建自定义函数 cnum()，要求使用游标遍历的方式统计课程信息表（course_info）中学时数为 64 的课程的门数。调用 cnum() 函数。

3. 在 pxbgl 数据库中创建自定义函数 asum()，要求使用游标结合循环计算交费表（pay_info）中的欠费（arrearage）总额。调用 asum() 函数。

实训提示

一、使用 SQL 语句完成以下创建用户自定义函数的任务。

1. 创建一个名为 forSum 的自定义函数，要求该函数有两个参数 a 和 b，两个参数都是整型数据，函数返回值也是整型数据。

提示：这是一个带两个输入参数的自定义函数，直接返回两个参数的和。参考命令为：

```
delimiter //
create function forSum(a int,b int)
returns int
```

```
    begin
        return(a+b);
    end
//
delimiter ;
```

2. 调用自定义函数 forSum 求 35 与 45 的和，并将函数调用结果赋值给用户变量 @fun，然后查看变量 @fun 的值。

提示：用户自定义函数是有返回值的，所以能使用表达式的地方都可以调用函数。参考命令为：

```
select forSum(35,45) into @fun;
select @fun;
```

3. 查看自定义函数 forSum 的创建信息。

参考命令为：

```
show create function forSum;
```

4. 删除自定义函数 forSum。

参考命令为：

```
drop function forSum;
```

5. 在 pxbgl 数据库中创建自定义函数 arrea()，要求该函数返回交费表（pay_info）中的欠费总额（arrearage 字段求和），并调用该函数。

提示：与任务 1 类似，即创建和调用自定义函数。参考命令为：

创建 arrea() 函数：

```
delimiter $
create function arrea()
returns float
begin
  declare qf float;
  select sum(arrearage) into qf
  from pay_info;
  return qf;
end
$
delimiter ;
```

调用 arrea() 函数：

```
select arrea();
```

6. 在 pxbgl 数据库中创建自定义函数 coursenum()，要求该函数能够根据学员姓名统计出该学员的选课门数，需要用到选课表（course_selection）。创建后调用函数返回“张林”选课的门数。

参考命令为：

创建 coursenum() 函数：

```
create function coursenum(n varchar(50))
returns int
begin
  declare c int;
  select count(course_Id) into c
  from course_selection
  where student_name=n;
  return c;
end
```

调用 coursenum() 函数：

```
select coursenum('张林');
```

7. 在 pxbgl 数据库中创建一个统计学员培训天数的自定义函数 pxDays()，要求通过学员编号和学员姓名两项内容统计，返回学员培训天数。创建后调用函数返回 11 号“李小林”的培训天数。

参考命令为：

创建 pxDays() 函数：

```
delimiter //
create function pxDays(no int,name varchar(50))
returns int
begin
  declare rxDay datetime;
  select entrance_time into rxDay
  from student_info where student_id=no and student_name=name;
  return datediff(curdate(),rxDay);
end
//
delimiter ;
```

调用 pxDay() 函数 s：

```
select pxDays(11,'李小林');
```

8. 创建一个自定义函数 mul()，要求该函数返回 5!。

参考命令为：

使用 while 语句：

```
delimiter //
create function mul()
```

```
returns int
begin
  declare i int default 1;
  declare m int default 1;
  while i<=5 do
    set m=m*i;
    set i=i+1;
  end while;
  return m;
end
//
delimiter ;
```

使用 loop 语句：

```
create function mul()
returns int
begin
  declare i int default 1;
  declare m int default 1;
  mmm:loop
    set m=m*i;
    set i=i+1;
    if i>5 then return m;
      leave mmm;
    end if;
  end loop mmm;
end
```

使用 repeat 语句：

```
create function mul()
returns int
begin
  declare i int default 1;
  declare m int default 1;
  repeat
  set m=m*i;
  set i=i+1;
  until i>5 end repeat;
  return m;
end
```

二、使用 SQL 语句完成以下使用游标创建用户自定义函数的任务。

1. 使用游标创建自定义函数 female()，统计 pxbgl 数据库中的女学员信息的个数，需要使用学员信息表（student_info）。调用 female() 函数。

建议命令为：

创建 female() 函数：

```
delimiter //
    create function female()
    returns int
    begin
    declare n int default 0;
    declare flag integer default 1;
    declare sid int;
    declare cc cursor for select student_id from student_info
    where sex='女';
    declare continue handler for not found set flag=0;
    open cc;
    fetch cc into sid;
    while flag<>0 do
    if sid>0 then
    set n=n+1;
    end if;
    fetch cc into sid;
    end while;
    return n;
    close cc;
    end//
delimiter ;
```

调用 female() 函数：

```
select female();
```

2. 在 pxbgl 数据库中创建自定义函数 cnum()，要求使用游标遍历的方式统计课程信息表（course_info）中学时数为 64 的课程的门数。调用 cnum() 函数。

提示：游标往往要和循环结合使用，尤其是要注意游标获取不到数据的判定。建议命令为：

创建 cnum() 函数：

```
delimiter //
create function cnum()
returns int
begin
declare n int default 0;
declare flag int default 1;
declare cid int;
declare c_cid cursor for select course_id from course_info where perior=64;
```

```
declare continue handler for not found set flag=0;
open c_cid;
fetch c_cid into cid;
l1:loop
if cid>0 then set n=n+1;
end if;
fetch c_cid into cid;
if flag=0 then leave l1;
end if; end loop;
return n;
close c_cid;
end//
delimiter ;
```

调用 cnum() 函数：

```
select cnum1();
```

3. 在 pxbgl 数据库中创建自定义函数 asum()，要求使用游标结合循环计算交费表（pay_info）中的欠费（arrearage）总额。调用 asum() 函数。

建议命令为：

创建 asum() 函数：

```
delimiter //
create function asum()
returns float
begin
declare qf float;
declare flag int default 1;
declare ze float default 0;
declare arrea cursor for select arrearage from pay_info;
declare continue handler for not found set flag=0;
open arrea;
fetch arrea into qf;
repeat
if qf>0 then set ze=ze+qf;
end if;
  fetch arrea into qf;
  until flag=0 end repeat;
  return ze;
  close arrea;
  end//
delimiter ;
```

调用 asum() 函数：

```
select asum();
```

实训报告要求：

1. 结合实训提示，将实训过程中进行的各项工作和步骤记录在实训报告上。
2. 将实训过程中遇到的问题记录下来，结合具体的操作撰写实训心得体会。

实训结果评价

序号	评价内容	评价标准	评价结果（是 / 否）
1	知识与技能	成功按照要求创建顺序结构的用户自定义函数并成功调用	□是　□否
		成功按照要求创建选择结构的用户自定义函数并成功调用	□是　□否
		成功按照要求创建使用游标的用户自定义函数并成功调用	□是　□否
		成功按照要求删除用户自定义函数	□是　□否
		成功按照要求查看用户自定义函数的创建信息	□是　□否
2	职业规范	命令中大小写统一	□是　□否
		文档格式规范	□是　□否
3	总　评	“是”与“否”在本次评价中所占百分比	“是”占________% “否”占________%

工作任务10 使用存储过程

学习目标

（1）能掌握存储过程基本概念和使用方法。

（2）能结合编程知识编写、执行复杂存储过程。

（3）能在存储过程中熟练使用变量、常量、控制语句、游标等编程元素。

素质目标

（1）通过线上同名课程的预习，培养借助网络平台搜索信息、学习新知识的能力。

（2）通过对创建、使用存储过程的知识和技能的学习，树立创新意识和创新精神。

（3）通过对数据库编程的反复练习和训练，有意识培养分析任务的能力和工匠精神。

最终目标

能熟练使用数据库编程技术创建、调用存储过程。

任务10-1 认识存储过程

任务描述

能够按照要求通过 MySQL 编程技术完成存储过程的编写和调用测试。

基础知识

（1）存储过程是数据库中存储复杂程序，以便外部程序调用的一种数据库对象。是为了完成特定功能的 SQL 语句集，经创建并保存在数据库中，用户可通过指定存储过程的名字并给定参数（需要时）来调用执行。

（2）存储过程思想就是数据库 SQL 层面的代码封装与重用。

（3）存储过程可封装，可以回传值，并可以接受参数，与自定义函数不同，存储过程无法使用 select 语句调用。

（4）存储过程就是具有名字的一段代码，用来完成一个特定的功能。创建的存储过程保存在数据库的数据字典中。

（5）创建存储过程的语法格式为：

```
create procedure 存储过程名 ([in |out |inout ] [参数名 数据类型 , …])
[language SQL]
|[not] [deterministic]
|{ contains SQL | NO SQL | reads SQL data | modifies SQL data }
|[SQL security definer|invoker]
|[comment '注释说明']
begin
存储过程主体
end
```

格式说明：

①存储过程是可以没有参数的，但是如果有参数，会有三种情况，分别是：in，输入参数，表示调用者向过程传入值（传入值可以是常量或变量）；out，输出参数，表示过程向调用者传出值（可以返回多个值）（传出值只能是变量）；inout，输入 / 输出参数，既表示调用者向过程传入值，又表示过程向调用者传出值（值只能是变量）。另外，无论存储过程是否包含参数，小括号不能少。

②在定义好语句结束符后，使用 create procedure+ 存储过程名的方法创建存储过程，language 选项指定了使用的语言，这里默认使用 SQL。

③ deterministic 关键词的作用是，当确定每次的存储过程的输入和输出都是相同的内容时可使用该关键词，否则默认为 not deterministic。

④ {contains SQL | no SQL | reads SQL data | modifies SQL data }，表示使用 SQL 语句的限制。如果值为 contains SQL 表示可以包含 SQL 语句，但不包含读或写数据的语句；no SQL 表示不包含 SQL 语句；reads SQL data 表示包含读数据的语句；modifies SQL data 表示包含写数据的语句，默认值为 constains SQL。

⑤ SQL security 关键字表示调用时检查用户的权限。当值为 invoker 时，表示用户调用该存储过程时检查，默认为 definer，即创建存储过程时检查。

⑥ comment 部分是存储过程的注释说明部分。

（6）调用存储过程的语法格式为：

```
call 存储过程名 ([参数 ,…]);
```

（7）删除存储过程的语法格式为：

```
drop procedure [if exists] 存储过程名 ;
```

（8）查看存储过程。查看存储过程的详细创建信息使用：

```
show create procedure 存储过程名；
```

查看存储过程的状态使用：

```
show procedure status where db='存储过程所在的数据库名称';
show procedure status like '存储过程名';
```

任务实现

（一）操作条件

supermarket 数据库以及数据库内的七个数据表都已经创建好，并且每个数据表中都有完整的数据。

（二）安全及注意事项

视 频

创建存储过程

注意当前的语句结束符是什么，如果改变请按要求及时改回。

（三）操作过程

（1）在 supermarket 数据库中创建一个名为 simpledealing 的简单存储过程，该存储过程要求查询交易信息表（dealing）返回每位会员的交易总金额。

分析：根据任务要求以及之前所学知识，要想求得每位会员的消费总金额可用如下查询语句：

```
select memberid as 会员编号,sum(dealingprice) as 消费总金额
from dealing group by memberid;
```

现在，将该查询语句定义为一个存储过程，SQL 语句如下：

```
delimiter //
create procedure simpledealing()
begin
select memberid as 会员编号,sum(dealingprice) as 消费总金额
from dealing group by memberid;
end //
delimiter ;
```

执行上述语句得到图 10-1-1 所示的运行结果，表示存储过程 simpledealing 创建成功。

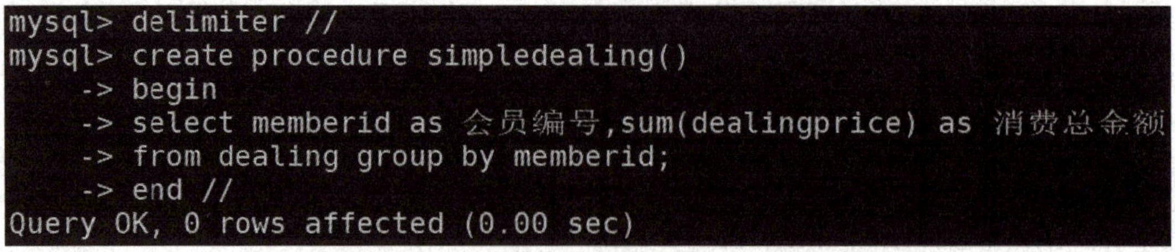

```
mysql> delimiter //
mysql> create procedure simpledealing()
    -> begin
    -> select memberid as 会员编号,sum(dealingprice) as 消费总金额
    -> from dealing group by memberid;
    -> end //
Query OK, 0 rows affected (0.00 sec)
```

图 10-1-1　成功创建存储过程 simpledealing

（2）调用创建好的存储过程 simpledealing。

简单存储过程的调用只需要使用关键字 call 加上存储过程名，另外不能省略存储过程名后面的小括号。语句如下：

```
call simpledealing();
```

调用 simpledealing 存储过程可以得到图 10-1-2 所示的运行结果。

```
mysql> call simpledealing()//
+---------------+----------------+
| 会员编号       | 消费总金额       |
+---------------+----------------+
| 1002300011    |              4 |
| 1002300012    |            375 |
| 1002300013    |             87 |
| 1002300014    |           87.5 |
| 1002300018    |            385 |
+---------------+----------------+
5 rows in set (0.00 sec)
```

图 10-1-2　调用存储过程 simpledealing 的运行结果

（3）查看创建的存储过程 simpledealing 的状态信息以及创建详细信息。

根据基础知识可知，要查看存储过程 simpledealing 的状态信息应使用如下语句：

```
show procedure status where db='supermarket';
```

得到图 10-1-3 所示的运行结果。

```
mysql> show procedure status where db='supermarket';
| Db          | Name          | Type      | Definer | Modified            | Created             | Security_type | Comment | character_set_client | collation_connection | Database Collation |
| supermarket | doiterate     | PROCEDURE | root@%  | 2021-06-17 22:31:03 | 2021-06-17 22:31:03 | DEFINER       |         | utf8 | utf8_general_ci | utf8_general_ci |
| supermarket | simpledealing | PROCEDURE | root@%  | 2021-06-20 15:25:59 | 2021-06-20 15:25:59 | DEFINER       |         | utf8 | utf8_general_ci | utf8_general_ci |
2 rows in set (1.53 sec)
```

图 10-1-3　查看存储过程 simpledealing 的状态信息

查看创建存储过程 simpledealing 的详细信息，使用如下语句：

```
show create procedure simpledealing;
```

得到图 10-1-4 所示的运行结果。

```
mysql> show create procedure simpledealing;
| Procedure     | sql_mode | Create Procedure | character_set_client | collation_connection | Database Collation |
| simpledealing | ONLY_FULL_GROUP_BY,STRICT_TRANS_TABLES,NO_ZERO_IN_DATE,NO_ZERO_DATE,ERROR_FOR_DIVISION_BY_ZERO,NO_AUTO_CREATE_USER,NO_ENGINE_SUBSTITUTION | CREATE DEFINER=`root`@`%` PROCEDURE `simpledealing`()
begin
select memberid as 会员编号,sum(dealingprice) as 消费总金额
from dealing group by memberid;
end | utf8 | utf8_general_ci | utf8_general_ci |
1 row in set (0.00 sec)
```

图 10-1-4　查看创建存储过程 simpledealing 的详细信息

（4）删除存储过程 simpledealing。

使用如下语句删除存储过程 simpledealing：

```
drop procedure simpledealing;
```

语句执行后得到图 10-1-5 所示的运行结果，表示存储过程删除成功。

```
mysql> drop procedure simpledealing;
Query OK, 0 rows affected (0.00 sec)
```

图 10-1-5　成功删除存储过程 simpledealing

（5）在 supermarket 数据库中创建存储过程 dispdealing，要求该存储过程能够根据指定的会员编号（memberid）显示该会员在当前日期前的消费信息。调用该存储过程查看“1002300018”的消费信息。

根据任务要求可知，dispdealing 存储过程有输入参数（会员编号），根据创建存储过程的格式可得到如下语句：

```
delimiter //
create procedure dispdealing(IN bh varchar(10))
begin
select * from dealing
where memberid=bh and dealingdate<now();
end //
delimiter ;
```

调用带一个输入参数的存储过程的语句为：

```
call dispdealing('1002300018');
```

执行后，得到图 10-1-6 所示的运行结果。

```
mysql> delimiter ;
mysql> call dispdealing('1002300018');
+-----------+--------------+---------------------+------------+------------+
| dealingid | dealingprice | dealingdate         | memberid   | userid     |
+-----------+--------------+---------------------+------------+------------+
|         2 |         87.5 | 2011-01-25 00:00:00 | 1002300018 | 2011010330 |
|         7 |         97.5 | 2011-02-10 00:00:00 | 1002300018 | 2011010331 |
|         9 |          200 | 2011-02-19 00:00:00 | 1002300018 | 2011010333 |
+-----------+--------------+---------------------+------------+------------+
3 rows in set (0.00 sec)

Query OK, 0 rows affected (0.02 sec)
```

图 10-1-6　调用带输入参数的存储过程 dispdealing 的运行结果

视 频

创建带参存储过程

（6）在 supermarket 数据库中创建一个既带输入参数，又带输出参数的存储过程 cst_province，它可以统计供应商信息表（provide）中指定省份（输入参数提供）的供应商数量（输出参数接收）。调用该存储过程。

根据任务要求可知，该存储过程带一个输入参数用来指定省份，带一个输出参数用来接收统计结果。结合基础知识中创建存储过程的语法格式可得到如下语句：

```
delimiter //
create procedure cst_province(IN province varchar(10),OUT countout int)
```

```
begin
select count(provideid) into countout
from provide
where provideaddress like concat('%',province,'%');
select countout;
end //
delimiter ;
```

调用同时带输入参数和输出参数的存储过程的语句为：

```
call cst_province('江苏',@a);
```

其中 @a 是用户变量，用来表示存储过程的传出值，可以直接使用，不需要使用 DECLARE 声明。要想显示存储过程的传出值，还需要使用语句：

```
select @a;
```

调用存储过程以及显示存储过程的传出值的运行结果如图 10-1-7 所示。

（7）在 supermarket 数据库中创建一个带输入 / 输出参数的存储过程 min_proc，功能是通过这个输入 / 输出参数将商品信息表（merchinfo）中商品的最低价格乘上 10 倍。调用该存储过程，注意输入 / 输出参数的使用。

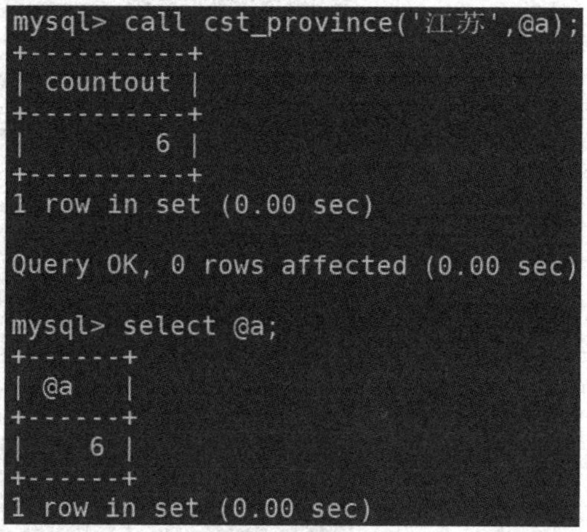

```
mysql> call cst_province('江苏',@a);
+----------+
| countout |
+----------+
|        6 |
+----------+
1 row in set (0.00 sec)

Query OK, 0 rows affected (0.00 sec)

mysql> select @a;
+------+
| @a   |
+------+
|    6 |
+------+
1 row in set (0.00 sec)
```

图 10-1-7　调用带输入参数和输出参数的存储过程 cst_province 的运行结果

根据任务要求可知，该存储过程只有一个输入 / 输出参数。结合基础知识中创建存储过程的语法格式，可以得到如下语句：

```
delimiter $
create procedure min_proc(inout price float)
begin
select price;
set price=price*10;
end
$
delimiter ;
```

调用带输入 / 输出参数的存储过程的语句为：

```
call min_proc(@p);
```

其中，@p 是用户变量，用来表示存储过程的传入 / 传出值，可以直接使用，不需要使用 declare 声明。@p 作为传入值时，根据任务需求，@p 要将 merchinfo 表中的最低商品价格传入存储过程，需要使用语句：

```
select min(merchprice) into @p from merchinfo;
```

而作为存储过程的传出值，还需要使用语句：

```
select @p;
```

调用存储过程以及显示存储过程的传入、传出值的运行结果如图 10-1-8 所示。

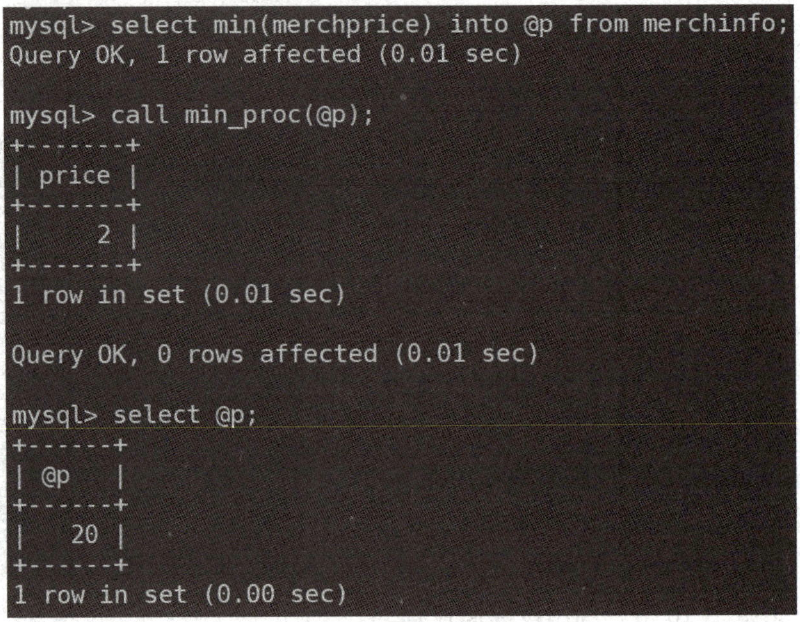

```
mysql> select min(merchprice) into @p from merchinfo;
Query OK, 1 row affected (0.01 sec)

mysql> call min_proc(@p);
+-------+
| price |
+-------+
|     2 |
+-------+
1 row in set (0.01 sec)

Query OK, 0 rows affected (0.01 sec)

mysql> select @p;
+------+
| @p   |
+------+
|   20 |
+------+
1 row in set (0.00 sec)
```

图 10-1-8　调用带输入 / 输出参数的存储过程 min_proc 运行结果

学习结果评价

序号	评价内容	评价标准	评价结果（是 / 否）	
1	知识与技能	正确使用 DELIMITER 按要求设置语句结束符	□是	□否
		正确使用 CREATE PROCEDURE 按要求创建存储过程（简单，带参）	□是	□否
		正确使用 SHOW 按要求查看存储过程	□是	□否
		正确使用 DROP PROCEDURE 按要求删除存储过程	□是	□否
2	职业规范	输入命令是否注意大小写	□是	□否
		因创建存储过程修改的语句结束符在完成创建存储过程后是否重新修改回“;”	□是	□否
3	总　评	“是”与“否”在本次评价中所占百分比	“是”占________%	“否”占________%

任务 10-2 创建、使用存储过程

任务描述

能根据要求编写和使用存储过程。

基础知识

（1）修改存储过程。修改存储过程由 alter 语句完成，基本语法格式如下：

```
alter procedure 存储过程名 [特征…];
```

特征指定了存储过程的特性，以下是可能出现的取值：

① contains SQL 表示子程序包含 SQL 语句，但不包含读或写数据的语句。

② no SQL 表示子程序中不包含 SQL 语句。

③ reads SQL data 表示子程序中包含读数据的语句。

④ modifies SQL data 表示子程序中包含写数据的语句。

⑤ SQL security { definer |invoker } 指明谁有权限来执行。

⑥ definer 表示只有定义者自己才能够执行。

⑦ invoker 表示调用者可以执行。

⑧ comment 'string' 表示注释信息。

（2）alter procedure 语句只用于修改存储过程的某些特征。如果要修改存储过程的内容，需要先删除原存储过程，再以相同的命名创建新的存储过程，如果要修改存储过程的名称，可以先删除原存储过程，再以不同的命名创建新的存储过程。

任务实现

（一）操作条件

supermarket 数据库以及数据库内的七个数据表都已经创建好，并且每个数据表中都有完整的数据。

（二）安全及注意事项

注意当前的语句结束符是什么，如果改变请按要求及时改回。

（三）操作过程

（1）在数据库 supermarket 中，要求创建存储过程 proc_provide 完成如下功能：通过给出的供应商名称（providename）查询出该供应商提供的商品信息。

分析：从数据库表中的信息可知，商品信息表中只有供应商编号，而没有供应商名称，所以要得到供应商供货的商品信息要涉及供应商信息表（provide）和商品信息表（merchinfo）两张数据表，并且根据任务要求可知，要创建的存储过程有一个输入参数，不需要输出参数。

具体语句如下：

```
delimiter //
create procedure proc_provide(IN proname varchar(50))
begin
select * from merchinfo
where provideid=(
select provideid
from provide
where providename=proname);
end //
```

调用存储过程语句如下：

```
delimiter ;
call proc_provide('黑龙江食品厂');
```

存储过程 proc_provide 的创建及调用执行结果如图 10-2-1 所示。

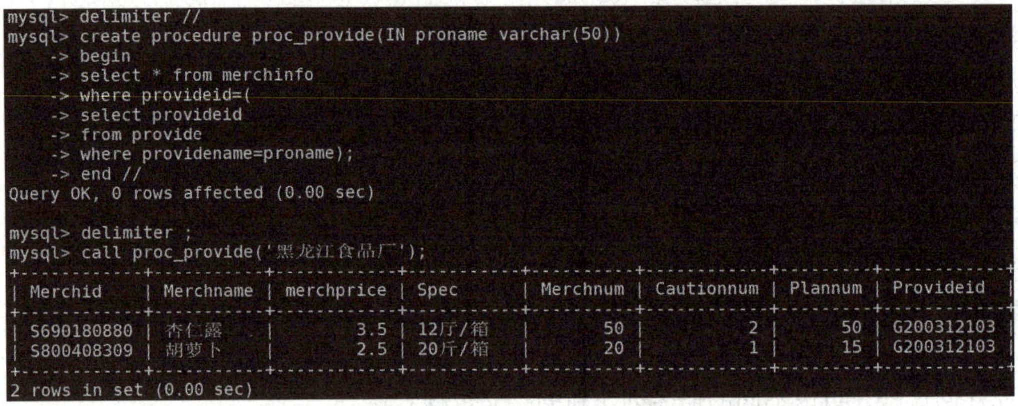

```
mysql> delimiter //
mysql> create procedure proc_provide(IN proname varchar(50))
    -> begin
    -> select * from merchinfo
    -> where provideid=(
    -> select provideid
    -> from provide
    -> where providename=proname);
    -> end //
Query OK, 0 rows affected (0.00 sec)

mysql> delimiter ;
mysql> call proc_provide('黑龙江食品厂');
+------------+----------+------------+----------+-----------+-------------+---------+------------+
| Merchid    | Merchname | merchprice | Spec     | Merchnum | Cautionnum | Plannum | Provideid  |
+------------+----------+------------+----------+-----------+-------------+---------+------------+
| S690180880 | 杏仁露    |        3.5 | 12斤/箱  |       50 |          2 |      50 | G200312103 |
| S800408309 | 胡萝卜    |        2.5 | 20斤/箱  |       20 |          1 |      15 | G200312103 |
+------------+----------+------------+----------+-----------+-------------+---------+------------+
2 rows in set (0.00 sec)
```

图 10-2-1　存储过程 proc_provide 的创建及调用执行结果

（2）创建存储过程price_update完成如下功能：根据给出的商品编号（merchid）和要出库的商品数量更新入库信息表（stock）中的入库商品数量（merchnum）及入库总金额（totalprice）。

分析：根据任务要求，存储过程 price_update 中所提到的商品编号和要出库的商品数量是输入参数，存储过程的功能是更新数据表 stock 中的入库商品数量和入库总金额两列的值。并且要注意：入库总金额 = 入库商品数量 × 入库单价金额。

经过分析，可得到如下语句：

```
delimiter //
create procedure price_update(IN bh varchar(10),IN sl int)
begin
update stock
set merchnum=merchnum-sl,
totalprice=merchnum*merchprice
/* 此处入库数量与入库总额一起更新，所以要注意总金额的计算 */
```

```
    where merchid=bh;
    end  //
```

调用存储过程 price_update 的语句如下：

```
    delimiter ;
    call price_update('S800408309',20);
```

调用存储过程 price_update 前后结果对比如图 10-2-2 所示。其中上图是存储过程执行前，商品“S800408309”的数量是 80。调用存储过程时给出的数量参数是 20，下图是存储过程执行后，数量变为 60，注意框线部分。

stockid	merchid	merchnum	merchprice	totalprice	stockdate	stockstate	provideid
2	S800312101	1000	12	12000	2011-01-01 00:00:00	1	G200312101
3	S800408309	80	40	3200	2011-01-01 00:00:00	1	G200312103
4	S690180880	50	39.6	1980	2011-01-02 00:00:00	1	G200312103
5	S693648936	100	80	8000	2011 01 20 00:00:00	1	G200312102
6	S800313106	50	22.4	1120	2011 01 20 00:00:00	1	G200312102
7	S800408308	1000	1.5	1500	2011-01-20 00:00:00	1	G200312102
8	S800408308	1000	1.5	1500	2011-01-20 00:00:00	1	G200312102

stockid	merchid	merchnum	merchprice	totalprice	stockdate	stockstate	provideid
2	S800312101	1000	12	12000	2011-01-01 00:00:00	1	G200312101
3	S800408309	60	40	2400	2011-01-01 00:00:00	1	G200312103
4	S690180880	50	39.6	1980	2011-01-02 00:00:00	1	G200312103
5	S693648936	100	80	8000	2011 01 20 00:00:00	1	G200312102
6	S800313106	50	22.4	1120	2011 01 20 00:00:00	1	G200312102
7	S800408308	1000	1.5	1500	2011-01-20 00:00:00	1	G200312102
8	S800408308	1000	1.5	1500	2011-01-20 00:00:00	1	G200312102

图 10-2-2　调用存储过程 price_update 前（上图）后（下图）对比图

（3）创建存储过程 proc_merch，功能是根据提供的商品名称，从商品信息表（merchinfo）中找到该商品的编号（merchid）和商品价格（merchprice）显示出来。

分析：根据任务要求可知，存储过程 proc_merch 有一个输入参数，用来输入商品名称，并且需要在存储过程中显示出找到的商品编号和商品价格，没有输出参数。这种查找可使用游标遍历的方式进行，具体创建存储过程的语句如下：

```
    delimiter $
    create procedure proc_merch(IN name varchar(50))
    begin
    declare mid char(10);
    declare mc varchar(50);
    declare p float;
    declare flag int default 1;
    declare cur_merch cursor for select merchid,merchname,merchprice from
merchinfo where merchname like concat('%',name,'%');
    declare continue handler for not found set flag=0;
    open cur_merch;
    fetch cur_merch into mid,mc,p;
```

```
repeat
if mc is not null then
select mid 商品编号 ,p 商品价格 ;
end if;
fetch cur_merch into mid,mc,p;
until flag=0 end repeat;
close cur_merch;
end $
```

调用存储过程 proc_merch，分别查找“西红柿”和“面”的商品编号和商品价格，语句如下：

```
delimiter ;
call proc_merch('西红柿');
call proc_merch('面');
```

语句执行后得到图 10-2-3 所示的结果，其中左图中的调用结果只有一条记录，右图中的调用结果有三条记录。

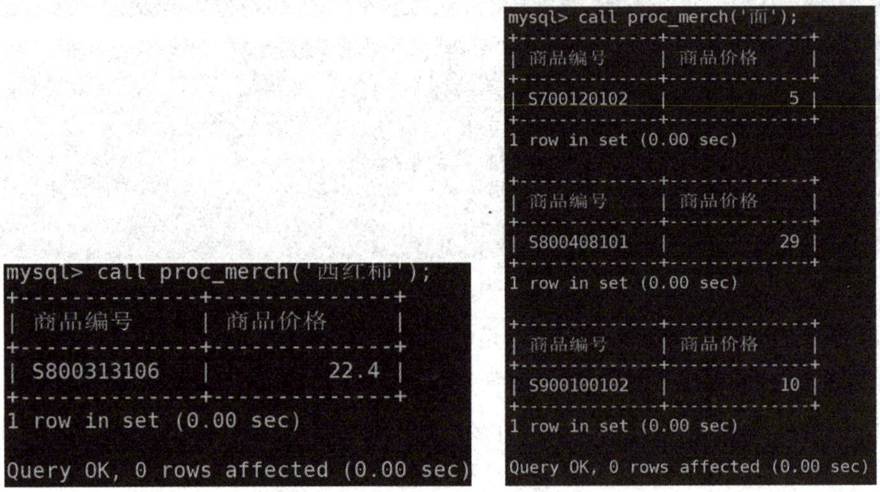

图 10-2-3 调用存储过程 proc_merch 查找商品编号和价格

（4）修改 proc_merch 存储过程的特征，将读写权限改为 modifies SQL data，并指明调用者可以执行。

修改存储过程可使用如下语句：

```
ALTER PROCEDURE proc_merch MODIFIES SQL DATA SQL SECURITY INVOKER;
```

语句执行后，再使用语句 show create procedure proc_merch; 查看验证修改是否见效，具体情况如图 10-2-4 所示。

问题思考：游标使用要注意的事项？

游标的使用必须按照四个步骤进行，首先要声明定义游标，然后打开游标，接着获取数据，最后关闭游标。如果游标忘记关闭，会在退出 begin...end 语句块后自动关闭，但是可能会导致死锁现象，所以使用游标时一定要按照上述四个步骤操作。

```
mysql> ALTER PROCEDURE proc_merch MODIFIES SQL DATA SQL SECURITY INVOKER;
Query OK, 0 rows affected (0.00 sec)

mysql> show create procedure proc_merch \G
*************************** 1. row ***************************
           Procedure: proc_merch
            sql_mode: ONLY_FULL_GROUP_BY,STRICT_TRANS_TABLES,NO_ZERO_IN_DATE,NO_ZERO_DATE,ERROR_FOR_DIVISION_BY_ZERO,NO_AUTO_CREATE_US
ER,NO_ENGINE_SUBSTITUTION
    Create Procedure: CREATE DEFINER=`root`@`%` PROCEDURE `proc_merch`(IN name varchar(50))
    MODIFIES SQL DATA
    SQL SECURITY INVOKER
begin
declare mid char(10);
declare mc varchar(50);
declare p float;
declare flag int default 1;
declare cur_merch cursor for select merchid,merchname,merchprice
from merchinfo;
declare continue handler for not found set flag=0;
open cur_merch;
fetch cur_merch into mid,mc,p;
ll:repeat
if mc=name then
select mid 商品编号,p 商品价格;
leave ll;
end if;
fetch cur_merch into mid,mc,p;
until flag=0 end repeat;
close cur_merch;
end
character_set_client: utf8
collation_connection: utf8_general_ci
  Database Collation: utf8_general_ci
1 row in set (0.00 sec)
```

图 10-2-4　修改存储过程 peoc_merch 的执行并验证结果

学习结果评价

序号	评价内容	评价标准	评价结果（是 / 否）
1	知识与技能	正确使用编程元素编程实现存储过程功能	□是　□否
		正确使用条件分支结构实现存储过程功能	□是　□否
		正确使用循环结构实现存储过程功能	□是　□否
2	职业规范	输入命令是否注意大小写	□是　□否
		因创建存储过程修改的语句结束符在完成创建存储过程后是否重新修改回“;”	□是　□否
3	总　评	“是”与“否”在本次评价中所占百分比	“是”占________% “否”占________%

任务 10-3　实践训练——存储过程的创建与使用

实训目的

1. 学会按要求创建存储过程。
2. 学会按要求使用游标创建存储过程。

实训准备

1. 数据库 pxbgl 和数据库中七个数据表已经创建好，且每个表中都有完整的数据。

2. 认真阅读实训内容，学习实训所需知识和技能。

实训任务

1. 在 pxbgl 数据库中创建一个查询学员基本信息的存储过程 proc_jb 并调用该存储过程。需要使用学员信息表（student_info）。

2. 在 pxbgl 数据库中创建一个查看学员请假次数的存储过程 proc_qj，要求带输入参数表示学员编号。调用该存储过程查看 1 号学员的请假次数。

3. 在 pxbgl 数据库中创建一个从交费表（pay_info）中根据学员编号查看其欠费的存储过程 proc_qf，要求学员编号（student_id）为输入参数，欠费金额（arrearage）为输出参数。调用该存储过程查看 1 号学员的欠费金额。

4. 在 pxbgl 数据库中创建存储过程 proc_xk，功能为根据学员编号（student_id）查询选课表（course_selection）中该学员的选课信息。调用存储过程 proc_xk 查看 1 号学员的选课信息。

5. 在 pxbgl 数据库中创建存储过程 proc_kc，功能是根据输入的课程名关键词查询课程信息表（course_info）中包含这个关键词的课程信息。调用存储过程 proc_kc 查看包含“语言”这个词的课程信息。

实训提示

使用 SQL 语句完成以下创建存储过程的任务。

1. 在 pxbgl 数据库中创建一个查询学员基本信息的存储过程 proc_jb 并调用该存储过程。需要使用学员信息表（student_info）。

参考命令为：

创建存储过程 proc_jb：

```
delimiter //
create procedure proc_jb()
begin
select * from student_info;
end //
delimiter ;
```

调用存储过程 proc_jb：

```
call proc_jb();
```

2. 在 pxbgl 数据库中创建一个查看学员请假次数的存储过程 proc_qj，要求带输入参数表示学员编号。调用该存储过程查看 1 号学员的请假次数。

参考命令为：

创建存储过程 proc_qj：

```
delimiter //
create procedure proc_qj(in sid int)
begin
select student_id as 学员编号 ,count(student_id) as 请假次数
from sleave
where student_id=sid
group by student_id;
end //
delimiter ;
```

调用带输入参数存储过程 proc_qj：

```
call proc_qj(1);
```

3. 在 pxbgl 数据库中创建一个从交费表（pay_info）中根据学员编号查看其欠费的存储过程 proc_qf，要求学员编号（student_id）为输入参数，欠费金额（arrearage）为输出参数。调用该存储过程查看 1 号学员的欠费金额。

参考命令为：

创建存储过程 proc_qf：

```
delimiter //
create procedure proc_qf(in sid int, out qf float)
begin
select arrearage into qf from pay_info where student_id=sid;
end//
delimiter ;
```

调用带输入、输出参数的存储过程 proc_qf：

```
call proc_qf(1,@a);
select @a;
```

4. 在 pxbgl 数据库中创建存储过程 proc_xk，功能为根据学员编号（student_id）查询选课表（course_selection）中该学员的选课信息。调用存储过程 proc_xk 查看 1 号学员的选课信息。

参考命令为：

创建存储过程 proc_xk：

```
delimiter //
create procedure proc_xk(IN xybh int)
begin
select * from course_selection
where student_id=xybh;
end //
```

执行 proc_xk 存储过程：

```
delimiter ;
call proc_xk(1);
```

5. 在 pxbgl 数据库中创建存储过程 proc_kc，功能是根据输入的课程名关键词查询课程信息表（course_info）中包含这个关键词的课程信息。调用存储过程 proc_kc 查看包含“语言”这个词的课程信息。

参考命令为：

创建存储过程 proc_kc：

```
delimiter //
create procedure proc_kc(IN km varchar(20))
begin
select * from course_info
where course_name like concat('%',km,'%');
end//
```

调用存储过程 proc_kc：

```
delimiter ;
mysql> call proc_kc('语言');
```

实训报告要求：

1. 结合实训提示，将实训过程中进行的各项工作和步骤记录在实训报告上。
2. 将实训过程中遇到的问题记录下来，结合具体的操作撰写实训心得体会。

实训结果评价

序号	评价内容	评价标准	评价结果（是/否）
1	知识与技能	成功按照要求创建存储过程并成功调用	□是 □否
		成功按照要求在存储过程中使用各类参数	□是 □否
2	职业规范	命令中大小写统一	□是 □否
		文档格式规范	□是 □否
3	总　评	“是”与“否”在本次评价中所占百分比	“是”占______% “否”占______%

工作任务 11 设置触发器

学习目标

（1）能掌握触发器的基本概念和使用方法。

（2）能通过触发器实施用户定义的数据完整性。

（3）能通过验证触发器复习数据的增加、删除、修改操作。

素质目标

（1）具备借助网络平台搜索信息、学习新知识的能力。

（2）通过学习创建、删除和验证触发器的知识和技能，有意识培养创新能力和分析工作任务能力。

（3）通过学习新知识新技能时的反复练习和训练，培养工匠精神。

最终目标

能根据要求创建触发器并验证其正确性。

任务 11-1 认识触发器

任务描述

能够按照格式和具体要求创建触发器并对其功能进行验证。

基础知识

1. 触发器的概念

触发器（trigger）是一种特殊的存储过程，特殊性在于它不需要用户去执行，而是当用户对表中的数据进行增加（insert）、删除（delete）、修改（update）操作时自动触发执行，所以称为触发器。触发器通常用于实现强制业务规则和数据完整性。

2. 触发器专用临时表

MySQL 5.7 为触发器创建了两个专用关键字：new 和 old，通过“new. 列名”或者“old. 列名”方式在触发器中进行使用。在技术上处理了 new 和 old 的列名，类似于创建了过渡变量（transition variables）。对于 insert 语句，只有 new 是合法的；对于 delete 语句，只有 old 是合法的；而 update 语句满足 new 和 old 的同时使用。

new 和 old 与相关操作之间的关系见表 11-1-1。

表 11-1-1　触发器 new 和 old 关键字与相关操作的关系表

相关操作语句	new	old
insert	要添加的数据	无
update	新数据	旧数据
delete	无	删除的数据

3. 触发器的分类：

①根据触发器触发的时间可将触发器分为两类：after 触发器和 before 触发器。前者是指触发器在相关操作执行后触发执行，后者是指触发器在相关操作执行前触发执行。

②根据触发器触发的操作可将触发器分为三类：插入触发器、删除触发器和更新触发器。

4. 创建触发器的语法格式为：

```
create trigger  触发器名  before|after insert|update|delete
on  表名 for each row 触发器主体;
```

格式说明：

①触发器名：即触发器的名称，触发器在当前数据库中必须具有唯一的名称。如果要在某个特定数据库中创建，名称前面应该加上数据库的名称，例如：

```
数据库名 . 触发器名
```

② before | after：是指触发时间，即触发器被触发的时刻，表示触发器是在激活它的语句之前或之后触发。若希望验证新数据是否满足条件，则使用 before 选项；若希望在激活触发器的语句执行之后完成几个或更多的改变，则通常使用 after 选项。

③ insert | update | delete：是指触发事件，用于指定激活触发器的语句的种类。

insert：将新行插入表时激活触发器。例如，insert 的 before 触发器不仅能被 MySQL 的 insert 语句激活，也能被 load data 语句激活。

delete：从表中删除某一行数据时激活触发器，例如 delete 和 replace 语句可以激活。

update：更改表中某一行数据时激活触发器，例如 update 语句可以激活。

④表名：指建立触发器的表名，此表必须是永久性表，不能将触发器与临时表或视图关联起来。在该表上触发事件发生时才会激活触发器。同一个表不能拥有两个具有相同触发时间和

事件的触发器。例如，对于一张数据表，不能同时有两个 before update 触发器，但可以有一个 before update 触发器和一个 before insert 触发器，或一个 before update 触发器和一个 after update 触发器。

⑤触发器主体：触发器动作主体，包含触发器激活时将要执行的 MySQL 语句。如果要执行多个语句，可使用 begin ... end 复合语句结构。

⑥ for each row：指定行级触发，即对于受触发事件影响的每一行都要激活触发器的动作。例如，使用 insert 语句向某个表中插入多行数据时，触发器会对每一行数据的插入都执行相应的触发器动作。

注意：每个表都支持 insert、update 和 delete 的 before 与 after，因此每个表最多支持 6 个触发器。每个表的每个事件每次只允许有一个触发器。单一触发器不能与多个事件或多个表关联。

任务实现

（一）操作条件

supermarket 数据库以及数据库内的七个数据表都已经创建好，并且每个数据表中都有完整的数据。

（二）安全及注意事项

注意当前的语句结束符是什么，如果改变请按要求及时改回。

（三）操作过程

（1）在 supermarket 数据库的会员信息表（member）上创建一个名为 trig_message 的插入触发器，功能是当在会员信息表中插入数据时产生一条提示信息“超市又增加了新会员！”。

视频

创建插入后触发器

分析：根据任务要求可知，创建的触发器是一个插入 after 触发器，但因为 MySQL 的触发器中不能返回集合，即不能使用 SELECT 语句显示信息。则创建触发器的具体语句如下：

查询语句：

```
delimiter //
create trigger trig_message
after insert on member
for each row
begin
set @news= '超市又增加了新会员';
end //
delimiter ;
```

语句执行后得到图 11-1-1 所示的运行结果，表示触发器 trig_message 创建成功。

为验证创建的触发器是否能够通过数据插入语句执行后触发，可使用以下语句进行验证：

```
insert into member
values('1002300029','6325320200295299',
340.9000,'2021/6/1');
```

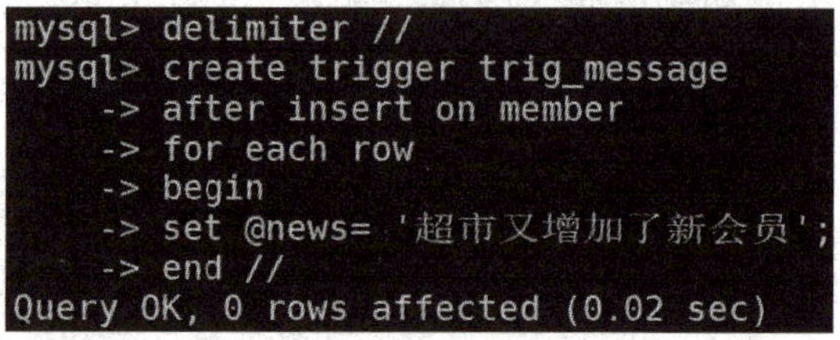

图 11-1-1　成功创建插入后触发器 trig_message

执行上述语句后是否触发了触发器中语句的执行，使用以下语句：

```
select @news;
```

查看用户变量 @news 的值，得到图 11-1-2 所示的运行结果，表示创建的插入后触发器 trig_message 可正常使用。

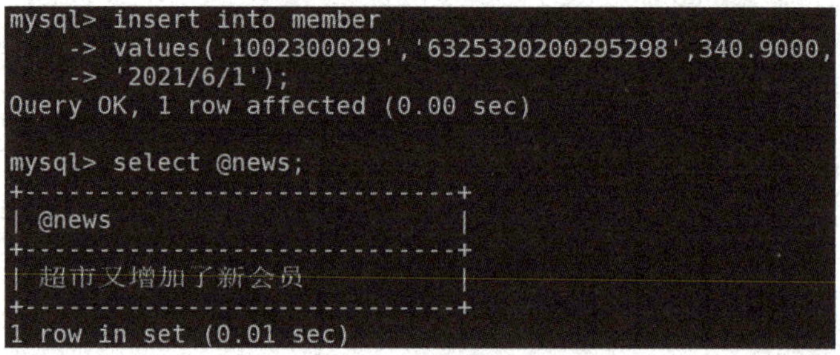

图 11-1-2　向 member 表中添加新记录触发了插入后触发器 trig_message 的运行结果

（2）在 supermarket 数据库的用户信息表（users）中创建更新 before 触发器 trig_updateuserid，要求当更新表中 userid 字段时，该操作不会进行，该条记录也不会被更新，并产生一条提示信息“用户编号不能修改！”。

分析：根据任务要求，触发器的触发动作是数据更新，且触发器为 before 触发，并且需要根据条件进行判断是否可以更新记录，结合基础知识中的创建触发器的语句格式，可使用以下语句创建 trig_updateuserid 触发器：

```
delimiter //
create trigger trig_updateuserid
before update on users
for each row
begin
if new.userid<>old.userid then
  set new.userid =old.userid;
  set new.username =old.username;
  set new.userpw =old.userpw;
  set new.userstyle =old.userstyle;
  set @tips='用户编号不能修改！';
end if;
end //
delimiter ;
```

语句执行后得到图 11-1-3 所示的运行结果，表示更新前触发器 trig_updateuserid 创建成功。使用如下语句验证触发器的功能：

```
update users set userid='1111111111' where username like '陈%';
```

```
mysql> create trigger trig_updateuserid
    -> before update on users
    -> for each row
    -> begin
    -> if new.userid<>old.userid then
    -> set new.userid =old.userid;
    -> set new.username =old.username;
    -> set new.userpw =old.userpw;
    -> set new.userstyle =old.userstyle;
    -> set @tips='用户编号不能修改！';
    -> end if;
    -> end //
Query OK, 0 rows affected (0.11 sec)
```

图 11-1-3　成功创建更新前触发器 trig_updateuserid

得到图 11-1-4 所示的运行结果，使用 select @tips; 查看提示信息。

```
mysql> delimiter ;
mysql> update users set userid='1111111111' where username like '陈%';
Query OK, 0 rows affected (0.00 sec)
Rows matched: 1  Changed: 0  Warnings: 0

mysql> select @tips;
+----------------------------+
| @tips                      |
+----------------------------+
| 用户编号不能修改！         |
+----------------------------+
1 row in set (0.00 sec)
```

```
mysql> select * from users;
+------------+----------+-------------+-----------+
| Userid     | Username | Userpw      | userstyle |
+------------+----------+-------------+-----------+
| 2011010330 | 张晓娟   | 547689      |         1 |
| 2011010331 | 李美侠   | 231456      |         1 |
| 2011010332 | 张成峰   | 123456      |         1 |
| 2011010333 | 赵小霞   | 089764      |         1 |
| 2011010346 | 孙铭     | sun43738291 |         1 |
| 2011020348 | 张珊     | 650403      |         1 |
| 2011020353 | 林云     | 740305      |         1 |
| 2011020451 | 陈光耀   | cgy830618   |         2 |
+------------+----------+-------------+-----------+
8 rows in set (0.00 sec)
```

图 11-1-4　修改用户编号触发更新前触发器 trig_updateuserid 运行结果（上）及更新操作对象表记录（下）

（3）在 supermarket 数据库的销售信息表（sale）中创建删除 after 触发器 trig_deletesale，功能是从销售信息（sale）表中删除一条记录，表示销售退货，则商品信息表（merchinfo）中的商品数量要随之增加。

视频

创建删除后触发器

分析：任务要求 sale 表中删除一条记录，则 merchinfo 表中对应的商品数量就要加上删除的销售信息中商品销售数量，创建触发器的语句如下：

```
delimiter $
create trigger trig_deletesale
after delete on sale
for each row
begin
update merchinfo
set merchnum=merchnum+old.salenum
where merchid=old.merchid;
end $
delimiter ;
```

执行后得到图 11-1-5 所示运行结果，表示删除后触发器 trig_deletesale 创建成功。

```
mysql> delimiter $
mysql> create trigger trig_deletesale
    -> after delete on sale
    -> for each row
    -> begin
    -> update merchinfo
    -> set merchnum=merchnum+old.salenum
    -> where merchid=old.merchid;
    -> end $
Query OK, 0 rows affected (1.63 sec)
```

图 11-1-5　成功创建删除后触发器 trig_deletesale

创建删除后触发器 trig_deletesale 后，如果执行如下 SQL 语句：

```
select salenum from sale where merchid='S800408308' and saleid=17;
select  merchnum from merchinfo where merchid='S800408308';
delete from sale where saleid=17;
select  merchnum from merchinfo where merchid='S800408308';
```

得到图 11-1-6 所示的运行结果。

```
mysql> select salenum from sale where merchid='S800408308' and saleid=17;
+---------+
| salenum |
+---------+
|      20 |
+---------+
1 row in set (0.01 sec)

mysql> select  merchnum from merchinfo where merchid='S800408308';
+----------+
| merchnum |
+----------+
|      100 |
+----------+
1 row in set (0.00 sec)

mysql> delete from sale where saleid=17;
Query OK, 1 row affected (0.00 sec)

mysql> select  merchnum from merchinfo where merchid='S800408308';
+----------+
| merchnum |
+----------+
|      120 |
+----------+
1 row in set (0.00 sec)
```

图 11-1-6　删除后触发器 trig_deletesale 的触发运行结果

学习结果评价

序号	评价内容	评价标准	评价结果（是 / 否）
1	知识与技能	正确使用 CREATE TRIGGER 按要求创建简单的插入 after 触发器并进行验证	□是　□否
		正确使用 CREATE TRIGGER 按要求创建简单的更新 before 触发器并进行验证	□是　□否
		正确使用 CREATE TRIGGER 按要求创建简单的删除 after 触发器并进行验证	□是　□否
2	职业规范	输入命令是否注意大小写	□是　□否
		因创建触发器修改的语句结束符在完成创建触发器后是否重新修改回“;”	□是　□否
3	总　评	“是”与“否”在本次评价中所占百分比	“是”占________% “否”占________%

任务 11-2 创建并使用触发器

任务描述

能够根据要求使用编程元素编写创建、使用触发器的 SQL 代码。

基础知识

（1）在 MySQL 中如果要修改触发器，通常先使用 DROP 语句删除原来的触发器再使用 CREATE TRIGGER 语句新建触发器。删除触发器的语句格式为：

```
drop trigger {trigger name};
```

（2）在 MySQL 中，查看触发器可以查看当前数据库中所有触发器的信息，也可以查看指定的触发器信息，还可以查看创建触发器的详细信息。

若需要查看当前数据库中已有的触发器，则可以使用：

```
show triggers;
```

查看当前用户下所有数据库中所有触发器的详细信息，可以使用：

```
select * from information_schema.triggers;
```

查看当前用户下所有数据库中指定触发器的详细信息，可以使用：

```
select * from information_schema.triggers where trigger_name='触发器名' [\G];
```

查看创建触发器的详细信息，可以使用：

```
show create trigger 触发器名 [\G];
```

任务实现

（一）操作条件

supermarket 数据库以及数据库内的七个数据表都已经创建好，并且每个数据表中都有完整的数据。

（二）安全及注意事项

注意当前的语句结束符是什么，如果改变请按要求及时改回。

（三）操作过程

（1）为数据库 supermarket 的入库信息表（stock）创建一个插入 before 触发器 trig_stock，要求在插入记录中的商品的库存数量高于库存报警数量时，则不能实现插入操作，并给出提示信息。

分析：根据任务要求可知，商品的库存数量（merchnum）和库存报警数量（cautionnum）都是商品信息表（merchinfo）中的字段，只要商品的库存数量大于库存报警数量就无须进货，即用给出提示信息这个操作替代了入库信息表中的入库操作。具体语句如下：

```
delimiter $
create trigger trig_stock
before insert on stock
for each row
begin
declare kc int;
declare bj int;
declare bh varchar(10);
set bh=new.merchid;
select merchnum,cautionnum into kc,bj
from merchinfo
where merchid=bh;
if(kc>bj) then
  set @tips='库存量充足，无须进货！';
  delete from stock where stockid=new.stockid;
else
  set @tips='已进货！';
  update merchinfo set merchnum=merchnum+new.merchnum where merchid=
new.merchid;
end if;
end $
delimiter ;
```

语句执行后得到图 11-2-1 所示的运行结果，表示触发器 trig_stock 已经成功创建。

```
mysql> delimiter $
mysql> create trigger trig_stock
    -> before insert on stock
    -> for each row
    -> begin
    -> declare kc int;
    -> declare bj int;
    -> declare bh varchar(10);
    -> set bh=new.merchid;
    -> select merchnum,cautionnum into kc,bj
    -> from merchinfo
    -> where merchid=bh;
    -> if(kc>bj) then
    ->  set @tips='库存量充足，无须进货！';
    ->  delete from stock where stockid=new.stockid;
    -> else
    ->  set @tips='已进货！';
    ->  update merchinfo set merchnum=merchnum+new.merchnum where merchid=
    -> new.merchid;
    -> end if;
    -> end $
Query OK, 0 rows affected (0.00 sec)
```

图 11-2-1　成功创建插入前触发器 trig_stock

为验证触发器的效果，使用如下语句：

```
insert into stock(stockid,merchid,merchnum,merchprice,
totalprice,stockdate,stockstate,provideid)
values(8,'S800408308',1000,1.5000,1500.0000,'2017-01-20',1, 'G200312102');
```

在执行这条语句之前可以先查询商品信息表（merchinfo）和入库信息表（stock）的信息，然后执行这条插入数据语句，再查询上述两个表的信息，两两对照，具体情况如图 11-2-2 所示。

mysql> select * from merchinfo;

Merchid	Merchname	merchprice	Spec	Merchnum	Cautionnum	Plannum	Provideid
S690180880	杏仁露	3.5	12斤/箱	50	2	50	G200312103
S700120101	提子饼干	7.8	200克	25	3	20	G200312302
S700120102	老面包	5	300克	30	5	50	G200312302
S700120103	抹茶西饼	20	300克	50	5	50	G200312302
S800312101	QQ糖	12	10粒/袋	500	10	100	G200312105
S800313106	西红柿	22.4	30个/箱	50	5	20	G200312102
S800408101	方便面	29	20袋/箱	50	5	30	G200312101
S800408308	白糖	2	1斤/袋	120	150	50	G200312102
S800408309	胡萝卜	2.5	20斤/箱	20	1	15	G200312103

9 rows in set (0.00 sec)

mysql> select * from stock;

stockid	Merchid	Merchnum	Merchprice	totalprice	Stockdate	Stockstate	provideid
1	S800312101	1000	12	12000	2011-01-01 00:00:00	1	G200312101
2	S800408309	60	40	2400	2011-01-01 00:00:00	1	G200312103
3	S690180880	50	39.6	1979.9999237060547	2011-01-02 00:00:00	1	G200312103
4	S693648936	100	80	8000	2011-01-20 00:00:00	1	G200312102
5	S800313106	50	22.4	1119.9999809265137	2011-01-20 00:00:00	1	G200312102
6	S800408308	1000	1.5	1500	2011-01-20 00:00:00	1	G200312102
7	S800408308	1000	1.5	1500	2011-01-20 00:00:00	1	G200312102

7 rows in set (0.00 sec)

图 11-2-2　插入前触发器 trig_stock 触发执行前（上）后（中）对照

```
mysql> insert into stock(stockid,merchid,merchnum,merchprice,
    -> totalprice,stockdate,stockstate,provideid)
    -> values(8,'S800408308',1000,1.5000,1500.0000,'2017-01-20',1,'G200312102');
Query OK, 1 row affected (0.00 sec)

mysql> select * from merchinfo;
+------------+-----------+------------+----------+----------+-------------+---------+------------+
| Merchid    | Merchname | merchprice | Spec     | Merchnum | Cautionnum  | Plannum | Provideid  |
+------------+-----------+------------+----------+----------+-------------+---------+------------+
| S690180880 | 杏仁露    |        3.5 | 12斤/箱  |       50 |           2 |      50 | G200312103 |
| S700120101 | 提子饼干  |        7.8 | 200克    |       25 |           3 |      20 | G200312302 |
| S700120102 | 老面包    |          5 | 300克    |       30 |           5 |      50 | G200312302 |
| S700120103 | 抹茶西饼  |         28 | 300克    |       50 |           5 |      50 | G200312302 |
| S800312101 | QQ糖      |         12 | 10粒/袋  |      500 |          10 |     100 | G200312105 |
| S800313106 | 西红柿    |       22.4 | 30个/箱  |       50 |           5 |      20 | G200312102 |
| S800408101 | 方便面    |         29 | 20袋/箱  |       50 |           5 |      20 | G200312101 |
| S800408308 | 白糖      |          2 | 1斤/袋   |     1120 |         150 |      50 | G200312102 |
| S800408309 | 胡萝卜    |        2.5 | 20斤/箱  |       20 |           1 |      15 | G200312103 |
+------------+-----------+------------+----------+----------+-------------+---------+------------+
9 rows in set (0.00 sec)

mysql> select * from stock;
+---------+------------+----------+------------+-------------------+---------------------+------------+------------+
| stockid | Merchid    | Merchnum | Merchprice | totalprice        | Stockdate           | Stockstate | provideid  |
+---------+------------+----------+------------+-------------------+---------------------+------------+------------+
|       1 | S800312101 |     1000 |         12 |             12000 | 2011-01-01 00:00:00 |          1 | G200312101 |
|       2 | S800408309 |       60 |         40 |              2400 | 2011-01-01 00:00:00 |          1 | G200312103 |
|       3 | S690180880 |       50 |       39.6 | 1979.999237060547 | 2011-01-02 00:00:00 |          1 | G200312103 |
|       4 | S693648936 |      100 |         80 |              8000 | 2011-01-20 00:00:00 |          1 | G200312102 |
|       5 | S800313106 |       50 |       22.4 | 1119.999809265137 | 2011-01-20 00:00:00 |          1 | G200312102 |
|       6 | S800408308 |     1000 |        1.5 |              1500 | 2011-01-20 00:00:00 |          1 | G200312102 |
|       7 | S800408308 |     1000 |        1.5 |              1500 | 2011-01-20 00:00:00 |          1 | G200312102 |
|       8 | S800408308 |     1000 |        1.5 |              1500 | 2017-01-20 00:00:00 |          1 | G200312102 |
+---------+------------+----------+------------+-------------------+---------------------+------------+------------+
8 rows in set (0.00 sec)
```

```
mysql> select @tips;
+--------------+
| @tips        |
+--------------+
| 已进货！     |
+--------------+
1 row in set (0.00 sec)
```

图 11-2-2　插入前触发器 trig_stock 触发执行前（上）后（中）对照（续）

（2）为数据库 supermarket 的 merchinfo 表创建限制取值范围的触发器 trig_price，限制插入商品信息表中的商品价格必须大于 0（仅考虑插入操作）。

分析：根据要求可知，要创建的触发器可以是 before 触发器也可以是 after 触发器，触发操作限定于插入。此处决定选择创建的触发器为插入 after 触发器，创建触发器的语句如下：

```
delimiter $
create trigger trig_price
after insert on merchinfo
for each row
begin
if new.merchprice<=0 then
    set @error='商品价格必须大于0！';
    delete from merchinfo where merchid=new.merchid;
else
    set @error='已添加商品！';
end if;
end $
delimiter ;
```

语句执行后得到图 11-2-3 所示的运行结果，表示插入后触发器 trig_price 已经成功创建。

```
mysql> delimiter $
mysql> create trigger trig_price
    -> after insert on merchinfo
    -> for each row
    -> begin
    -> if new.merchprice<=0 then
    ->     set @error='商品价格必须大于0！';
    ->     delete from merchinfo where merchid=new.merchid;
    -> else
    ->     set @error='已添加商品！';
    -> end if;
    -> end $
Query OK, 0 rows affected (0.01 sec)
```

图 11-2-3　成功创建插入后触发器 trig_price

针对该触发器，使用以下语句对触发器进行测试：

```
insert into merchinfo
values('S700120105','手指饼干’,0,'200克',25,3,20,'G200312302');
```

得到图 11-2-4 所示的测试结果。

```
mysql> insert into merchinfo
    -> values('S700120105','手指饼干',0,'200克',25,3,20,
    -> 'G200312302');
ERROR 1442 (HY000): Can't update table 'merchinfo' in stored function/trigger because it is already used by statement which invoked this stored function/trigger.
mysql> select @error;
+---------------------------+
| @error                    |
+---------------------------+
| 商品价格必须大于0!         |
+---------------------------+
1 row in set (0.00 sec)
```

图 11-2-4　插入商品信息的商品价格等于 0 触发 trig_price 执行，插入数据不成功

使用如下语句进行测试：

```
insert into merchinfo
values('S700120105','手指饼干',28,'200克',25,3,20,'G200312302');
```

测试结果如图 11-2-5 所示。

```
mysql> insert into merchinfo
    -> values('S700120105','手指饼干',28,'200克',25,3,20,
    -> 'G200312302');
Query OK, 1 row affected (0.00 sec)

mysql> select @error;
+-------------------+
| @error            |
+-------------------+
| 已添加商品！       |
+-------------------+
1 row in set (0.00 sec)

mysql> select * from merchinfo;
+------------+--------------+------------+-----------+-----------+------------+----------+------------+
| Merchid    | Merchname    | merchprice | Spec      | Merchnum  | Cautionnum | Plannum  | Provideid  |
+------------+--------------+------------+-----------+-----------+------------+----------+------------+
| S690180880 | 杏仁露       |        3.5 | 12斤/箱   |        50 |          2 |       50 | G200312103 |
| S700120101 | 提子饼干     |        7.8 | 200克     |        25 |          3 |       20 | G200312302 |
| S700120102 | 老面包       |          5 | 300克     |        30 |          5 |       50 | G200312302 |
| S700120103 | 抹茶西饼     |         20 | 300克     |        50 |          5 |       50 | G200312302 |
| S700120105 | 手指饼干     |         28 | 200克     |        25 |          3 |       20 | G200312302 |
| S800312101 | QQ糖         |         12 | 10粒/袋   |       500 |         10 |      100 | G200312105 |
| S800313106 | 西红柿       |       22.4 | 30个/箱   |        50 |          5 |       20 | G200312102 |
| S800408101 | 方便面       |         29 | 20袋/箱   |        50 |          5 |       30 | G200312101 |
| S800408308 | 白糖         |          2 | 1斤/袋    |      1120 |        150 |       50 | G200312102 |
| S800408309 | 胡萝卜       |        2.5 | 20斤/箱   |        20 |          1 |       15 | G200312103 |
+------------+--------------+------------+-----------+-----------+------------+----------+------------+
10 rows in set (0.00 sec)
```

图 11-2-5　插入商品信息的商品价格大于 0 未触发 trig_price 执行，插入数据成功

（3）在超市管理系统数据库的会员信息表（member）中创建一个名为 trig_reg 的插入 after 触发器，要求该触发器确保会员的注册日期只能在当前系统日期之前（包含当前系统日期）。

分析：根据功能要求可知插入后触发器需要验证的是注册日期字段 regdate 必在当前系统日期之前（包含当前系统日期），即 regdate 小于或等于 curdate()，如果插入的数据不符合要求就将插入的数据删除掉，如果符合要求，就正常插入。创建插入后触发器 trig_reg 的语句如下：

```
delimiter //
create trigger trig_reg after insert on member
for each row
begin
if new.regdate>curdate() then
delete from member where memberid=new.memberid;
end if;
end//
delimiter ;
```

语句执行后得到图 11-2-6 所示的运行结果，表示插入后触发器 trig_reg 已经成功创建。

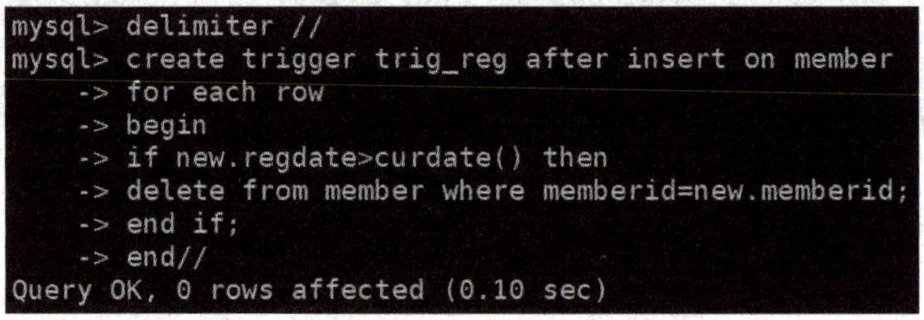

图 11-2-6　成功创建插入后触发器 trig_reg

使用如下语句验证 trig_reg 效果：

```
insert into member values('1002300050','6325320202195298',0,'2021-6-20');
```

可以看到图 11-2-7 所示的运行结果，在当前系统日期之前注册的会员信息成功插入 member 表中。

使用如下语句测试 trig_reg 的效果：

```
insert into member values('1002300060','6325320202195398',0,'2021-6-25');
```

可以看到图 11-2-8 所示的运行结果，表示在当前系统日期之后注册的会员信息无法插入 member 表中。

问题思考：在 MySQL 中设置触发器的注意事项有哪些？

由于 MySQL 5.* 以上版本才添加了触发器功能，所以触发器不是很完善，目前为止无法在触发器中进行显性回滚、抛出异常、返回结果集等操作，所以，在 MySQL 中使用触发器时一定要谨慎并且考虑周全。

```
mysql> select * from member;
+------------+------------------+-----------+---------------------+
| memberid   | membercard       | totalcost | regdate             |
+------------+------------------+-----------+---------------------+
| 1002300011 | 6325320200295144 |    3050.8 | 2009-09-08 00:00:00 |
| 1002300012 | 6325320200295145 |      5030 | 2009-09-08 00:00:00 |
| 1002300013 | 6325320200295146 |   12305.9 | 2009-09-08 00:00:00 |
| 1002300014 | 6325320200295147 |      1240 | 2009-09-09 00:00:00 |
| 1002300018 | 6325320200295161 |     345.6 | 2010-08-09 00:00:00 |
| 1002300019 | 6325320200295162 |    1624.7 | 2010-09-04 00:00:00 |
| 1002300022 | 6325320200295288 |     340.9 | 2011-05-01 00:00:00 |
| 1002300028 | 6325320200295298 |     340.9 | 2011-06-01 00:00:00 |
+------------+------------------+-----------+---------------------+
8 rows in set (0.00 sec)

mysql> insert into member values('1002300050','6325320202195298',0,'2021-6-20');
Query OK, 1 row affected (0.00 sec)

mysql> select * from member;
+------------+------------------+-----------+---------------------+
| memberid   | membercard       | totalcost | regdate             |
+------------+------------------+-----------+---------------------+
| 1002300011 | 6325320200295144 |    3050.8 | 2009-09-08 00:00:00 |
| 1002300012 | 6325320200295145 |      5030 | 2009-09-08 00:00:00 |
| 1002300013 | 6325320200295146 |   12305.9 | 2009-09-08 00:00:00 |
| 1002300014 | 6325320200295147 |      1240 | 2009-09-09 00:00:00 |
| 1002300018 | 6325320200295161 |     345.6 | 2010-08-09 00:00:00 |
| 1002300019 | 6325320200295162 |    1624.7 | 2010-09-04 00:00:00 |
| 1002300022 | 6325320200295288 |     340.9 | 2011-05-01 00:00:00 |
| 1002300028 | 6325320200295298 |     340.9 | 2011-06-01 00:00:00 |
| 1002300050 | 6325320202195298 |         0 | 2021-06-20 00:00:00 |
+------------+------------------+-----------+---------------------+
9 rows in set (0.00 sec)
```

图 11-2-7 在当前系统日期之前注册的会员信息成功插入 member 中

```
mysql> insert into member values('1002300060','6325320202195398',0,'2021-6-25');
ERROR 1442 (HY000): Can't update table 'member' in stored function/trigger because it is already used by statement which invoked this stored function/trigger.
mysql> drop trigger trig_reg;
Query OK, 0 rows affected (0.00 sec)
```

图 11-2-8 在当前系统日期之后注册会员触发 trig_reg 执行，插入数据不成功

学习结果评价

序号	评价内容	评价标准	评价结果（是 / 否）
1	知识与技能	正确使用 CREATE TRIGGER 按功能要求创建插入前触发器并进行验证	□是 □否
		正确使用 CREATE TRIGGER 按功能要求创建插入后触发器并进行验证	□是 □否
		掌握验证触发器的数据增加、删除、修改的语句格式	□是 □否
2	职业规范	输入命令是否注意大小写	□是 □否
		因创建触发器修改的语句结束符在完成创建触发器后是否重新修改回“;”	□是 □否
3	总　评	“是”与“否”在本次评价中所占百分比	“是”占________% “否”占________%

任务11-3 实践训练——触发器的创建与使用

实训目的

1. 学会按要求创建、删除触发器。
2. 学会按要求使用相关的增加数据、删除数据、修改数据操作验证触发器。

实训准备

1. 数据库 pxbgl 和数据库中七个数据表已经创建好，且每个表中都有完整的数据。
2. 认真阅读实训内容，学习实训所需知识和技能。

实训任务

1. 在 pxbgl 数据库的交费表（pay_info）中创建一个插入后触发器 qf_insert，当向该表中插入数据时，根据应付金额和实付金额判断是否欠费，如果欠费则将相关信息插入欠费信息表（arrearage）中。

2. 向交费表（pay_info）中插入一条记录（编号：6，学员编号：6，姓名：李云，应付金额：300，优惠金额：0，实付金额：200，欠费金额：0，交费日期：2010-9-3，操作员：3，备注：null），验证 qf_insert 的效果。

3. 在 pxbgl 数据库中，为 student_info 表创建一个删除 after 触发器，当删除学员信息表（student_info）中一个学员信息时，将选课表（course_selection）中该学员的信息也同时删除。

4. 在 pxbgl 数据库中，为课程信息表（course_info）创建一个更新 after 触发器，当更改表中的课程名时，选课表（course_selection）中的课程名也自动发生更改。

5. 在 pxbgl 数据库中为交费表（pay_info）创建一个更新 after 触发器，当用户修改 id 列时，触发器禁止该操作，并给出提示信息“编号不能进行修改！”。

实训提示

使用 SQL 语句完成以下创建存储过程的任务。

1. 在 pxbgl 数据库的交费表（pay_info）中创建一个插入后触发器 qf_insert，当向该表中插入数据时，根据应付金额和实付金额判断是否欠费，如果欠费则将相关信息插入欠费信息表（arrearage）中。

提示：创建一个插入后触发器，要使用 after insert 关键字。参考命令为：

```
delimiter //
```

```
create trigger qf_insert
after insert on pay_info
for each row
begin
if new.origin_price-new.current_price >0 then
insert into arrearage(student_id,arrears_total)
values(new.student_id, new.origin_price-new.current_price);
end if;
end //
delimiter ;
```

2. 向交费表（pay_info）中插入一条记录（编号：6，学员编号：6，姓名：李云，应付金额：300，优惠金额：0，实付金额：200，欠费金额：100，交费日期：2010-9-3，操作员：3，备注：null），验证 qf_insert 的效果。

提示：验证触发器需要使用相应的插入操作，要使用 insert 语句。参考命令为：

```
insert into pay_info
(id,student_id,student_name,origin_price,discount_amount,
current_price,arrearage,pay_date,user_id)
values(6,6,'李云',300,0,200,100,'2020-9-3',3);
```

3. 在 pxbgl 数据库中，为 student_info 表创建一个删除 after 触发器，当删除学员信息表（student_info）中一个学员信息时，将选课表（course_selection）中该学员的信息也同时删除。

提示：创建删除后触发器，要用到 after delete 关键字。参考命令为：

```
delimiter $$
create trigger xy_delete
after delete on student_info
for each row
begin
delete from course_selection
where student_id=old.student_id;
end $$
delimiter ;
```

4. 在 pxbgl 数据库中，为课程信息表（course_info）创建一个更新 after 触发器，当更改表中的课程名时，选课表（course_selection）中的课程名也自动发生更改。

提示：创建更新后触发器，要使用 after update 关键字。参考命令为：

```
delimiter $$
create trigger kc_update
after update on course_info
for each row
begin
```

```
update course_selection
set course_name=new.course_name
where course_name=old.course_name;
end $$
delimiter ;
```

5. 在 pxbgl 数据库中为交费表（pay_info）创建一个更新 after 触发器，当用户修改 id 列时，触发器禁止该操作，并给出提示信息“编号不能进行修改！”。

提示：参照任务 4 的操作。参考命令为：

```
delimiter $$
create trigger check_bh
after update on pay_info
for each row
begin
if new.id<>old.id then
set @e='编号不能进行修改!';
update pay_info set id=old.id where id=new.id;
else
set @e='';
end if;
end $$
delimiter ;
```

实训报告要求：

1. 结合实训提示，将实训过程中进行的各项工作和步骤记录在实训报告上。
2. 将实训过程中遇到的问题记录下来，结合具体的操作撰写实训心得体会。

实训结果评价

序号	评价内容	评价标准	评价结果（是 / 否）
1	知识与技能	成功按照要求创建触发器	□是 □否
		成功按照要求使用增加、修改、删除操作验证触发器	□是 □否
2	职业规范	命令中大小写统一	□是 □否
		文档格式规范	□是 □否
3	总　评	“是”与“否”在本次评价中所占百分比	“是”占________% “否”占________%

工作任务 12 管理数据库

学习目标

（1）能掌握 MySQL 数据库的备份和还原操作。

（2）能在 MySQL 数据库中创建、删除用户。

（3）能对数据库中权限进行授予、查看和收回操作。

素质目标

（1）具备借助网络平台搜索信息、学习新知识的能力。

（2）树立创新意识、创新精神。

（3）具备团队协作精神和工匠精神。

最终目标

能熟练掌握对 MySQL 数据库的管理操作。

任务 12-1 管理事务、备份与还原数据库

任务描述

能够正确地在 MySQL 环境中进行事务管理、数据库的备份、还原操作。

基础知识

（1）事务处理机制可以使整个系统更加安全，保证同一个事务中的操作具有同步性。

日常生活中，人们经常进行转账操作，转账操作可以看作两个动作：转入和转出，只有这两个动作全部完成才认为转账成功。在数据库中，这个操作是通过两条语句实现的，如果其中一条语句没有执行或者出现异常就会导致两个账户金额的不同步，造成错误。

在 MySQL 中引入了事务的概念，所谓事务就是针对数据库的一组操作，它可以由一条或

者多条SQL语句组成，同一个事务的操作具有同步的特点，如果其中一条语句无法执行，那么所有语句都不会执行，也就是说，事务中的语句要么都执行，要么都不执行。

开启事务语句：start transaction;

提交事务语句：commit;

回滚事务语句：rollback;

（2）事务必须同时满足四个特性A（atomiticy）C（consistency）I（isolation）D（durability），分别是原子性、一致性、隔离性和持久性，即事务是最小工作单元，不可分割；事务必须使数据库从一个一致状态变换到另一个一致性状态；当多个用户并发访问数据库时，数据库为每一个用户开启的事务，不能被其他事务的操作数据所干扰，并发事务之间相互隔离；事务一旦提交，其所做的修改就会永久保存到数据库中。

（3）数据库备份是在操作系统命令行状态下输入命令完成的，命令为：mysqldump。在具体使用命令mysqldump时，经常分为三种形式，分别是备份一个数据库、备份多个数据库和备份全部数据库。备份一个数据库的命令语法格式为：

```
mysqldump  -u 用户名 -p[ 密码 ]  数据库名 [ 表名 1  表名 2  …] >[ 路径 /] 备份文件名 .sql
```

备份多个数据库的命令语法格式为：

```
mysqldump -u 用户名 -p[ 密码 ] --databases 数据库名 1 [ 数据库名 2 …] >[ 路径 /] 备份文件名 .sql
```

备份所有数据库的命令语法格式为：

```
mysqldump -u 用户名 -p[ 密码 ] --all-databases >[ 路径 /] 备份文件名 .sql
```

（4）还原数据库与数据库备份相同，都是要在操作系统命令行状态下输入命令完成，命令为：mysql，具体语法格式为：

```
mysql  -u 用户名 -p[ 密码 ] 数据库名 <[ 路径 /] 备份文件名 .sql
```

其中，数据库名表示的数据库必须是预先创建好的。

注意：如果是将Linux操作系统下的MySQL数据库备份文件还原到Windows 10操作系统下的MySQL，则可能会出现中文乱码和查询显示不整齐的情况，需要在MySQL环境下进行调整。解决中文乱码需要使用如下语句：

```
mysql>set names gbk;
```

解决显示格式不整齐需要使用如下语句：

```
mysql>charset gbk;
```

任务实现

（一）操作条件

supermarket数据库以及数据库内的七个数据表都已经创建好，并且每个数据表中都有完整的数据。

（二）安全及注意事项

注意当前数据库每个表的数据状况是否有异常。

（三）操作过程

（1）在 supermarket 数据库中创建一个名为 account 的数据表，字段要求如下：

account(id,name,money)，其中 id 是主键，int 类型，自动增长；name 是 40 位可变长字符型，可以为空，money 是浮点型，可以为空。向表中插入两行数据：

```
insert into account(name,money) values('a',1000);
insert into account(name,money) values('b',1000);
```

语句执行后得到图 12-1-1 所示结果。

现要求通过 update 语句将账户 a 中的 1000 元钱转给账户 b，最后提交事务。

结合基础知识，可以给出如下语句：

```
start transaction;
update account set money=money-1000 where name='a';
update account set money=money+1000 where name='b';
commit;
```

表示先开启一个事务，待账户 a 和 b 的操作全部完成后，提交事务，保证了转账的同步性。语句执行后效果如图 12-1-2 所示。

```
mysql> select * from account;
+----+------+-------+
| id | name | money |
+----+------+-------+
|  1 | a    |  1000 |
|  2 | b    |  1000 |
+----+------+-------+
2 rows in set (0.00 sec)
```

图 12-1-1　account 表中的数据

```
mysql> select * from account;
+----+------+-------+
| id | name | money |
+----+------+-------+
|  1 | a    |     0 |
|  2 | b    |  2000 |
+----+------+-------+
2 rows in set (0.00 sec)
```

图 12-1-2　事务提交执行后 account 表数据情况

如果在 commit; 命令之前先使用了 rollback; 命令，则两个 update 语句所做的修改全部作废，事务回滚。

（2）数据库备份与还原。

①操作系统命令行备份数据库：

步骤一：进入 MySQL 目录下的 bin 文件夹：cd MySQL 中的 bin 文件夹的目录。

如输入的命令行：cd D:\Program Files\MySQL\bin。

步骤二：备份数据库：mysqldump -u 用户名 -p [密码] 数据库名 > 数据库备份文件名。

如输入的命令行：

```
mysqldump -u root -p supermarket > supermarket.sql
```

输入以上命令后会让用户输入进入 MySQL 的密码，如果导出单张表的话在数据库名后面输入表名即可。

步骤三：会看到文件 supermarket.sql 自动生成到 bin 文件夹下。

②操作系统命令行还原数据库：

步骤一：将要导入的 .sql 文件移至 bin 文件下，这样的路径比较方便。

步骤二：同备份操作中的步骤一。

步骤三：进入 MySQL：mysql -u 用户名 –p。

如输入的命令行：

```
mysql -u root -p （输入后同样需要输入 MySQL 的密码）
```

步骤四：在 MySQL 中新建一个空数据库，如新建一个名为 news 的目标数据库。之后分为如下两种情况：

情况一：

步骤五：退出 MySQL 环境。在操作系统命令行中输入命令：

```
mysql -uroot -p news <supermarket.sql
```

这行命令输入后同样需要输入进入 MySQL 的密码。

此命令执行后，news 数据库就包含了 supermarket.sql 备份文件中包含的数据库的全部内容。

情况二：

步骤五：在 MySQL 环境中输入命令：

```
mysql>use 目标数据库名
```

如输入命令：

```
mysql>use news;
```

步骤六：导入文件。输入命令：

```
mysql>source 备份数据库文件名 [;]
```

如输入命令：

```
mysql>source supermarket.sql;
```

学习结果评价

序号	评价内容	评价标准	评价结果（是 / 否）
1	知识与技能	正确使用事务管理语句实现事务提交、回滚等操作	□是　□否
		正确使用 MySQL 命令按步骤完成数据库 supermarket 的备份	□是　□否
		正确使用 MySQL 命令按步骤完成数据库 supermarket 的还原	□是　□否
2	职业规范	输入命令是否注意大小写	□是　□否
3	总　评	“是”与“否”在本次评价中所占百分比	“是”占______% “否”占______%

任务 12-2　管理用户及用户权限

任务描述

能够正确地在 MySQL 环境中进行用户和权限管理的相关操作。

基础知识

（1）MySQL 的用户分为 root 用户和普通用户，root 用户为超级管理员，具有所有权限，如创建用户，删除用户和管理用户等，而普通用户只拥有被赋予的某些权限。

（2）创建普通用户账户有三种方式：grant 语句、create 语句和 insert 语句。

（3）删除普通用户账户有两种方式：drop 语句和删除系统表 mysql.user 中相应的数据记录实现。对于新创建的用户，往往需要使用 flush privileges; 命令刷新权限。

（4）权限管理包含授权、查看权限和收回权限。分别使用 grant、show 和 revoke 语句实现。

（5）MySQL 中的权限信息被存储在数据库的 user、db、host、tables_priv、column_priv 和 proc_priv 表中，当 MySQL 启动时会自动加载这些权限信息，并将这些权限信息读取到内存中，下面对这些表中的部分权限进行分析，具体如下：

① create 和 drop 权限，可以创建数据库、表、索引，或者删除已有的数据库、表、索引。

② insert、delete、update、select 权限，可以对数据库中的表进行增删改查操作。

③ index 权限，可以创建或者删除索引，适用于所有的表。

④ alter 权限，可以用于修改表的结构或者重命名表。

⑤ grant 权限，允许为其他用户授权，可用于数据库和表。

⑥ file 权限，被赋予该权限的用户能读写 MySQL 服务器上的任何文件。

上述这些权限只要了解即可，无须特殊记忆。

任务实现

（一）操作条件

supermarket 数据库以及数据库内的七个数据表都已经创建好，并且每个数据表中都有完整的数据。

（二）安全及注意事项

注意当前数据库的用户情况。

（三）操作过程

（1）使用 grant 语句创建一个新用户，用户名为 user1、密码为 1234，并授予该用户对 supermarket.account 表有查询权限，GRANT 语句如下：

```
grant select on supermarket.account to 'user1'@'localhost'identified by
'1234';
```

（2）使用 create user 语句创建一个新用户，用户名为 user2、密码为 1234，语句如下：

```
create user 'user2'@'localhost' identified by '1234';
```

（3）使用 insert 语句直接在 mysql.user 表（MySQL 中自带的权限表）中创建一个新用户，用户名为 user3、密码为 1234，MySQL 5.7 之后的版本中，user 表中已经没有 password 列了，取而代之的是 authentication_string 列。则创建用户的语句如下：

```
insert into mysql.user(Host,User,authentication_string,ssl_cipher,
x509_issuer,x509_subject)
values('localhost', 'user3',PASSWORD('1234'),'','','');
```

（4）使用 drop user 语句删除已经存在的用户 user1，语句如下：

```
drop user 'user1'@'localhost';
```

（5）使用 delete 语句删除用户 user2，语句如下：

```
delete from mysql.user where host='localhost' and user='user2';
```

（6）授予权限。使用 grant 语句创建一个新用户，用户名为 user4、密码为 1234，user4 用户对所有数据库有 insert、select 权限，并使用 with grant option 子句，语句如下：

```
grant insert,select on *.* to 'user4'@'localhost' identified by '1234' with
grant option;
```

（7）查看权限。使用 show grants 语句查询 root 用户的权限，语句如下：

```
show grants for 'root'@'localhost';
```

（8）收回权限。使用 revoke 语句收回 user4 的所有权限，语句如下：

```
revoke all privileges,grant option from 'user4'@'localhost';
```

问题思考：在创建用户时报错，错误号信息如下：ERROR 1819 (HY000): Your password does not satisfy the current policy requirements，是什么情况，如何解决？

这个错误表示设置的密码过于简单，不符合当前的密码规则，与 validate_password_policy 的值有关，其默认值为 1，即 medium，所以要求设置的密码必须符合长度，且必须含有数字、小写或大写字母、特殊字符。要想设置简单用户密码，可以修改 validate_password_policy 的值，即

```
set global validate_password_policy=0;
```

除此还要查看或设置 validate_password_length 的值，设置为 1、2、3 或 4，表示密码最少有 4 位。超过 4 位时，参数值与密码的实际位数一致。

学习结果评价

序号	评价内容	评价标准	评价结果（是 / 否）
1	知识与技能	正确使用三种方式创建用户	□是　□否
		正确使用两种方式删除用户	□是　□否
		正确使用 grant、show、revoke 管理权限	□是　□否
2	职业规范	输入命令是否注意大小写	□是　□否
3	总　评	“是”与“否”在本次评价中所占百分比	“是”占________% “否”占________%

任务 12-3　实践训练——数据库的备份与还原

实训目的

1. 学会按要求备份指定的数据库。
2. 学会按要求还原指定的数据库。

实训准备

1. 数据库 pxbgl 和数据库中七个数据表已经创建好，且每个表中都有完整的数据。
2. 认真阅读实训内容，学习实训所需知识和技能。

实训任务

1. 按步骤备份 pxbgl 数据库。
2. 按步骤还原 pxbgl 数据库。

实训提示

1. 备份一个数据库，要使用 mysqldump 命令，使用备份单个数据库命令和备份多个数据库命令都可以。

2. 还原数据库的两种情况都要进行操作。

上述两个操作分别在 Linux 操作系统和 Windows 操作系统都进行。

上述操作可参见图 12-3-1 至图 12-3-3Linux 操作系统下备份与还原。

```
[root@localhost ~]# mysqldump -uroot -p pxbgl >pxbgl1.sql
Enter password:
[root@localhost ~]#
```

图 12-3-1　Linux 操作系统备份数据库

```
mysql> create database pxbgl1 character set utf8;
Query OK, 1 row affected (1.66 sec)

mysql> use pxbgl1
Database changed
mysql> source pxbgl1.sql
Query OK, 0 rows affected (0.00 sec)

Query OK, 0 rows affected (0.00 sec)
```

图 12-3-2　在 MySQL 环境下还原数据库

```
[root@localhost ~]# mysql -uroot -p pxbgl1 <pxbgl1.sql
Enter password:
[root@localhost ~]#
```

图 12-3-3　Linux 操作系统还原数据库

实训报告要求：

1. 结合实训提示，将实训过程中进行的各项工作和步骤记录在实训报告上。
2. 将实训过程中遇到的问题记录下来，结合具体的操作撰写实训心得体会。

实训结果评价

序号	评价内容	评价标准	评价结果（是 / 否）
1	知识与技能	成功完成备份数据库	□是　□否
		成功完成数据库还原	□是　□否
2	职业规范	命令中大小写统一	□是　□否
		文档格式规范	□是　□否
3	总　评	“是”与“否”在本次评价中所占百分比	“是”占_________% “否”占_________%

参 考 文 献

[1] 王飞飞，崔洋，贺亚茹，等．MySQL 数据库应用从入门到精通 [M]．北京：中国铁道出版社，2014.

[2] 唐洪涛，张笑，贺晓春，等．数据库应用基础 [M]．上海：上海交通大学出版社，2020.

[3] 传智播客高教产品研发部．MySQL 数据库入门 [M]．北京：清华大学出版社，2017.

[4] 汪晓青．MySQL 数据库基础实例教程 [M]．北京：人民邮电出版社，2020.

[5] 唐汉明，翟振兴，关宝军，等．深入浅出 MySQL：数据库开发、优化与管理维护 [M]．北京：人民邮电出版社，2014.

[6] 施瓦茨，扎伊采夫，特卡琴科．高性能 MySQL(第 3 版)[M]．宁海元，周振兴，彭立勋，等译．北京：电子工业出版社，2013.